별난 관장님의 색다른 과학시간

별난
관장님의
색다른
과학시간

김선빈 지음

★ 명함의 뒷면

'20세기 최고의 과학자' 혹은 '천재'라는 말을 들으면 연상되는 인물로 많은 사람이 아인슈타인을 꼽는다. 그는 초등학교 때 수업을 못 따라갈 정도로 학업 능력이 부족하고 너무 엉뚱해서 선생님에게 "저 아이는 무슨 일을 해도 절대 성공할 수 없다."는 말까지 들었다고 한다. 그런데 어떤 책에서는 그가 사교적이지는 않았지만 학급에서 2등을 할 정도로 꽤 우수한 학생이었다는 이야기를 발견할 수 있다. 이런 일화들은 어렸을 때는 하찮은 사람이었을지 몰라도 커서는 훌륭한 사람이 될 수 있다는 것을 강조하기 위해 누군가 지어낸 말일 수도 있고, 한편으로는 사람들의 입을 통해 전달되다 보니 이야기가 왜곡되거나 과장된 것이 아닐까 생각된다.

널리 알려져 있는 뉴턴의 사과 이야기도 다시 생각해 보면 의문점이 생긴다. 뉴턴은 운동의 법칙을 설명하면서 사과가 땅에 떨어지는 것과 달이 지구를 도는 현상을 예로 들었다고 한다. 그런데 뉴턴이 사과가 떨어지는 것을 보고, 또는 나무 밑에 누워 있던 그의 머리에 사과가 떨어지는 순간 갑자기 생각이 떠올라 중력의 법칙을 발견했다고 알고 있는 사람들이 많다. 뉴턴보다 훨씬 먼저 살았던 갈릴레이가 벌써 물체의 낙하 실험을 했고, 뉴턴이 이를 모를 리 없었을 텐데 사과가 땅으로 떨어지는 것을 보고 중력의 법칙을 알아냈다는 이야기는 설득력이 없다. 그런데 왜 이런 이야기가 그토록 유명하고, 뉴턴과 중력의 법칙을 잘 알지 못하는 사람들에게 그를 소개할 때마다 빠짐없이 등장하는 것일까?

사람들은 우리가 생각하는 만큼 이성적이지 않다. 사실을 있는 그대로 전하는 것보다 필요에 따라서 단순화하고, 과장하고, 각색해서 말할 때 훨씬 생동감과 재미를 느낀다. 전달하는 방법도 중요하다. 정확하게 전달하고자 자료에 적혀 있는 것을 슬쩍슬쩍 보면서 이야기하면 상대방은 흥미를 느끼지 못한다. 상대방과 시선을 마주하며 방금 전에 직접 보고 온 것 같이 생생하게 이야기해야 듣는 사람이 하품하는 일이 없다. 이야기의 포인트도 중요하다. 사람들이 궁금해할 만한 것을 콕 집어서 쉽고 간단하게 설명하는 기술 말이다.

전 세계의 수많은 사람이 인상주의 화가의 그림을 갖고 싶어 하고 곳곳에서 비싸게 팔린다. 그런데 인상주의 그림이 뭔지 대충은 알고 있다고 생각하지만 똑 부러지게 말할 수 있는 사람은 그리 많지 않다. 이런 사람들에게 "사물에 대해 받은 인상을 화폭에다 그린 것"이라고 명쾌하게 말해 주면 상대방은 가려운 곳을 대신 긁어 준 것처럼 아주 좋아한다. 나는 한발 더 나아가 화가가 대상을 보고 파악한 순간의 인상을 신속히 그려야 했기 때문에 붓 터치가 투박하고 거칠다는 특징과 함께 그 이전까지 유행했던 사실주의 그림과 어떤 차이가 있는지도 비교해 준다. 그럼 상대방이 호기심을 보이고, 이때를 놓치지 않고 사실은 여기에 '과학'이 숨어 있음을 이야기한다. 나의 '비법'이 드디어 빛을 발할 순간이 온 것이다. 많은 사람이 과학을 어렵고 낯선 것으로 여긴다. 과학관 관장인 내가 아무리 과학

이야기를 꺼내고 싶어도 사람들은 과학의 '과'자만 들어도 손사래를 친다. 그러나 이 비법 하나면 금세 상대방을 과학의 세계로 끌어들일 수 있다. 그 소중한 비법을 이제 공개하려 한다.

한국 사람들은 명함을 아주 중요하게 여긴다. 명함이 없는 사람은 때로 사람 행세를 제대로 못하는 것처럼 인식되기까지 한다. 직장에 다니는 사람은 말할 것도 없이 어떤 자리에 앉으면 명함부터 만든다. 사업이나 프리랜서 일을 하는 사람들도 처음 만나는 사람에게 자기소개를 효과적으로 하기 위해 명함을 만든다. 오랜만에 지인을 만나면 상대방이 지금 어떤 일을 하고 있는지 쉽게 파악하기 위해 명함을 달라고 청하기도 한다.

명함은 보통 한쪽 면은 한글로, 또 다른 면은 영어로 되어 있다. 1980년대 전까지만 해도 한글 대신 한자로 새긴 명함이 많았고, 영문 사용은 그다지 많지 않았다. 비행기를 타고 외국에 나가거나, 외국인을 만나는 것이 흔치 않은 시대였다. 게다가 컴퓨터가 나오기 전에는 인쇄소에서 한 글자 한 글자 일일이 조판을 떠서 만들어야 했기 때문에 복잡하게 만들지 않고 보통 한쪽 면에만 한자로 새겨서 들고 다녔다.

나는 1986년에 공무원 생활을 시작하면서 처음 명함을 만들었다. 한쪽 면은 한글로, 다른 면은 영어로 되어 있는 명함을 27년 동안 사용했다. 그런데 가만히 생각해 보니 상대방에게 영문 쪽이 보이도록 명함을 내민 기억이 별로 없다. 외국인을 만날 때나 그런 상황이 오는데 그 빈도는 백명 만나면 한두 명 있을까 말까다.

　명함 만들기 28년째, 명함에서 별로 쓸모도 없는 영문 쪽을 과감하게 없애 버렸다. 흔치 않은 경우이긴 하지만 외국인을 만났을 때 이름이나 직책을 영어로 어떻게 표기하느냐고 물을 것을 감안해 이름, 직책, 전화번호, 이메일, 주소만 국·영문으로 한면에 같이 적었다. 그렇다고 뒷면 전체를 백지 상태로 두기는 허전했다. 명함을 영어로는 '비즈니스 카드'라고 하니까 내가 '비즈니스'할 내용을 대신 넣기로 했다. 과천과학관에 있다 보니 만나는 사람들에게 과학자들의 인생에 대해 알리고 싶어 뉴턴과 아인슈타인의 사진을 가운데에 배치했다. 그리고 이야기 주제가 있어야 할 것 같아 '세상을 바꾼 과학자'라는 제목을 붙였다. 그 아래에 '과천과학관에서 만나 보세요.'라고 마무리 문장을 넣은 후 친근감의 표시인 웃는 이모티콘으로 마침표를 찍었다.

　명함을 한 가지로만 만드는 관행도 깨 보고 싶었다. 두 번째 명함을 만들 때는 주제를 다르게 하면 좋겠다는 생각이 들었다. 대중적으로 널리 알려져 있지만 과학과는 관계없어 보이는 교양 지식 속에도 미처 생각하지 못한 과학 이야기가 숨어 있음을 말하고 싶었다. 명화가 그 주제에 딱 맞을 것 같았다. 명함을 받아 들고 '과학하는 사람이 웬 그림?' 하고 호기심을 느끼도록 말이다. 그래서 '무엇이 세상을 바꿨나? 과학관에서 찾아보세요.'라는 문구와 고흐의 그림을 넣었다. 두 가지 명함을 한 석 달 정도 사용했는데, 받는 사람들의 반응이 매우 좋았다. 참신하다는 평이 많았고, 나의 얘깃거리는 더욱 풍부해졌다. 사람들을 만나는 자리의 분위기가 화기애애해졌다. 명함에 조그만 사진이나 캐리커처가 있는 것은 간혹 봤지만 이런 것은 처음 받아 본다는 반응들이었다.

그러던 중 격의 없이 지내던 지인 몇 명이 세 번째 명함은 없느냐고 물어 왔다. 허를 찔린 듯한 기분에 순간 당황했지만 지금 준비 중에 있다고 답하면서 능청맞게 위기를 넘겼다. 그리고는 서둘러 세 번째 명함을 구상했고, 내친김에 일곱 가지를 더 만들어서 총 열 가지를 채웠다. 각 명함마다 주제에 맞게 제목을 조금씩 다르게 붙이고 내용에 어울리게 마무리 문구에도 변화를 주어 완성했다.

첫 번째, 두 번째 명함을 만들어서 사용할 때 상대방이 명함을 받고 처리하는 방식은 내 기대와는 좀 어긋났다. 항상 비즈니스 내용 쪽이 보이게 해서 건네는데, 상대는 받자마자 바로 뒤집어서 이름과 직함을 한번 쓱 보고는 바로 주머니에 넣는 것이다. 그저 그림이 있는 이면지를 사용했을 거라고 여기는 것이 아닌가 하는 생각까지 들었다. 그렇다 보니 "제가 드린 쪽 명함을 좀 봐 주세요." 하면서 상대방에게 부탁 아닌 부탁을 해야 하는 상황이 이어진다. 좀 어색했다. 무슨 조치가 필요했다. 어떻게 해야 자연스럽게 그림과 사진을 보고 상대방이 내게 이게 뭐냐고 물어 줄까?

그래서 생각해 낸 것이 이름 위쪽에 '(뒷면)'이라고 표시하는 것이었다. 명함을 받은 사람 열에 일고여덟이 보는 쪽에다 말이다. 관찰 결과에 대한 조치가 다소 조잡하게 보일 수 있기는 하지만, 사람들은 그 표시를 보고 또 내 설명을 듣고는 재미있어 한다. 보통 생각하는 근엄한 명함에서 이런 표시를 보는 것 또한 처음이니 말이다. 그러고는 상대방이 또 묻는다. 어느 쪽이 앞면이고 어느 쪽이 뒷면이냐고 말이다. 나는 대답한다. 아무렇게나 생각하시라고. 어떤 면이 앞이고 뒤인들 상관없다고. 두 면 밖에 안 되니 둘 다 보시라는 뜻이라고. 그러면 나의 엉뚱함에 또 상대는 재미있어 한다. 그때 덧붙인다. 과학의 시작은 호기심과 관찰이고, 그것을 나부터 이렇게 실천하고 있다고 말이다.

이렇게 열 가지 명함을 만들어서 사용한 지 일 년이 채 안됐지만 'So far so good'이다. 누구는 명함을 받으며 설명을 듣고는 감탄하면서 빨리 특허 등록을 하라고 한다. 그렇게 하고 싶지 않다. 돈을 벌려고 한 것 아니니 따라 해도 좋고 이 아이디어를 갖다 쓰고 싶으면 얼마든지 쓰시라고 답하곤 한다.

이 책에 실린 이야기나 숫자 등은 다소 정확하지 않을 수도 있다. 이 글은 학술 연구 논문이 아니라 과학을 친근하고 재미있게, 또 실용적으로 소개하기를 열망하는 한 과학관 관장이 좀 더 많은 사람과 이야기를 나누고자 쓴 것이기 때문이다. 이 이야기들은 책을 읽고, 신문을 보고, 수많은 과학자와 전문가들을 만나고, 직접 현장을 찾아가 확인하면서 생각한 것들이다. 이 기록들은 사람들을 과학의 세계로 초대하는 나만의 비법인 '명함의 뒷면'이 되었고, 이제 한 권의 책이 되어 독자들을 만나려 한다. 이 책으로 과학을 더 깊이 이해하고, 재미를 느끼고, 그 가치를 알아가는 사람이 많아진다면 그것으로 족하다. 그래서 우리나라의 과학이 더 발전하기를 바라는 마음뿐이다.

"책을 잘 읽으려면 발명가가 되어야 한다."

미국의 저명한 문학 평론가 헤럴드 블룸이 문학 고전을 읽으라고 권하면서 한 말이다. 시장에서 돈을 주고받을 때 셈을 잘한다고 해서 수학을 잘한다고 말할 수 없는 것처럼, 아무 생각 없이 그저 눈에 보이는 문구를 읽는 것은 독서가 아니라는 이야기다. 세상에 없는 것을 만들어 내는 발명가처럼 글을 창의적으로 해석하고 받아들일 때 새로운 지식을 창조할 수 있다는 뜻일 것이다. 그러면서 그는 셰익스피어나 단테, 세르반테스가 쓴 고전을 읽어야 하는 이유는 고전 속의 이야기를 통해 우리의 삶을 더 크게 확대할 수 있기 때문이라고 했다.

과학관도 마찬가지다. 과학관에 가지 않아도 살아가는 데 별 지장은 없다. 하지만 과학적 원리와 합리성을 바탕으로 이루어진 현대사회에서 다양한 과학 지식이 현대 문명과 어떻게 연결되어 있는지를 과학관에 와서 보고 느낀다면 우리를 둘러싼 세상은 더욱 커지고 선택의 폭 역시 넓어질 것이다.

우리 사회의 많은 이들이 교육제도의 문제점을 지적한다. 현재 중·고등학교의 교육 과정은 국어, 영어, 수학 등 일부 과목에만 지나치게 집중되어 있다. 국어, 영어, 수학은 공부의 본질이 아니라 학문을 연구하는 수많은 도구 중 하나다. 더 중요한 것은 그 도구를 사용할 수 있는 힘, 콘텐츠를 만들어 낼 수 있는 창의력이다. 그 힘으로 만든 콘텐츠 중 하나가 바로 우리 삶을 풍요롭게 만들어 주는 과학과 예술이다. 국어, 영어, 수학과 같은 여러 가지 과목들은 포크와 나이프이고, 과학과 예술은 고기와 채소이며, 과학관은 이 모든 것을 담고 있는 접시다.

'책을 잘 읽으려면 발명가가 되어야 한다.'는 말에서 발명가란 호기심과 탐구심이 가득한 사람, 관찰과 기록을 게을리하지 않는 사람일 것이다. 하늘의 별을 보고, 땅의 곤충을 바라보고, 뉴턴과 아인슈타인을 만나 과학적 교양을 쌓으면 어떻게 해야 그런 사람이 될 수 있는지 알 수 있다. 과학과 소통하면 누구나 창조적인 사람이 될 수 있다. 다가올 미래에 여러분이 그런 창조가가 되기를 바란다.

2014년 겨울
김선빈 국립과천과학관장

차례

1 세상을 바꾼 과학자

: 천재라 불린 두 과학자의 삶

과학사에서 가장 위대한 두 사람을 꼽자면 바로 뉴턴과 아인슈타인을 들 수 있다. 한 사람은 과학의 기초를 세웠고, 또 한 사람은 이를 무너뜨리며 시간과 공간의 비밀을 벗겨 냈다. 서로 다른 시대를 살았지만 마치 평행 이론처럼 겹치고 갈라지는 두 과학자의 생애를 통해 과학자의 이미지는 어떻게 만들어지는지, 또 그들이 누린 발견의 기쁨은 무엇이었는지 살짝 엿보자. ◆

과학자의 탄생

최고의 과학자는 누구일까? 사람마다 기준과 시각이 다르겠지만 아마도 아이작 뉴턴(1642~1727)을 꼽는 사람이 많을 것이다. 몇 년 전 과학자 1,000여 명을 대상으로 지난 1,000년간 가장 위대한 과학자를 묻는 설문 조사에서 뉴턴이 선정되었다는 신문 기사가 나온 적도 있다. 왜 그럴까? 아마도 뉴턴이 우리가 사는 세상을 가장 많이 바꾸어 놓았기 때문이 아닐까?

뉴턴은 과학적 합리주의를 확립하고 정치, 경제, 사회, 문화 등 인간 생활의 전 분야에 영향을 미쳤다. 그는 중력의 법칙을 발견해 인간이 우주여행을 할 수 있게 했다. 또한 미분, 적분 방정식을 개발해 수학의 새로운 영역을 개척했으며, 그가 빛의 특성을 밝힌 덕분에 사진을 찍고 영화를 만들 수 있게 되었다.

애플 컴퓨터의 창업 초기 상표.

현대사회에서 '창의력' 하면 빼놓을 수 없는 인물인 스티브 잡스(1955~2011)가 1976년 스티브 워즈니악(1950~)과 공동으로 애플사를 창업하면서 사용했던 로고는 뉴턴이 사과나무 밑에서 생각하고 있는 모습을 펜으로 그린 그림이었다. 세상을 바꾼 세 개의 사과 이야기를 알고 있는가?

첫 번째 사과는 아담과 이브의 사과다. 남녀가 서로 사랑하게 만들었다. 두 번째는 뉴턴의 사과다. 인간이 과학의 길로 접어들게 했다. 세 번째는 스티브 잡스가 만든 먹다 만 사과, 애플의 로고다. 이 사건들은 돌덩어리를 금으로 만드는 연금술보다 더욱 놀랍고 가치 있는 것이 사람의 머릿속에서 나오는 연금술에 달려 있다는 것을 알게 했다.

뉴턴은 1642년 크리스마스 이브에 영국 링컨셔의 울스소프 농가에서 병약한 유복자로 태어났다. 그런데 뉴턴이 태어난 1642년은 또 한 사람의 위대한 과학자 갈릴레오 갈릴레이(1564~1642)가 사망한 해다. 어떤 사람은 갈릴레이의 과학적 영감이 뉴턴에게 계승되었기 때문에 뉴턴이 훌륭한 과학자가 될 수 있었다고 말하기도 한다. 뉴턴 생가 내에 있는 디스커버리 센터에 가 보면 뉴턴의 일대기를 볼 수 있는데 뉴턴이 태어난 해에 갈릴레이가 죽었다는 사실도 적어 놓았다. 갈릴레이의 사망 연도는 그레고리력에 따른 것이고 뉴턴의 출생 연도는 율리우스력에 따른 것이라

이공계 대표 선수 중에 한 명이라 할 수 있는 갈릴레이와 인문계 대표 선수라 할 수 있는 셰익스피어는 같은 해에 태어났다. 갈릴레이가 78세까지 살았고, 셰익스피어는 52세까지 살았다. 영국 중서부에 있는 셰익스피어 생가는 중요 관광지로 개발되었고 일반에 많이 소개되어 방문객을 모으고 있다. 반면 영국 중동부에 있는 뉴턴 생가는 사람들에게 거의 알려져 있지 않다. 우리나라 사람은 물론이고 전 세계적으로 영국을 방문하는 많은 이들 가운데 뉴턴 생가에 다녀왔다는 사람은 별로 없다. 두 군데 모두 런던에서 승용차로 두 시간 남짓 걸리는 곳에 있는데 말이다. 셰익스피어 생가는 스트랫퍼드어폰에이번에 있고 근처에 법률, 인문학 등으로 유명한 옥스퍼드대학교가 있다. 뉴턴 생가는 그랜탐 근처에 있는데 멀지 않은 곳에 과학, 이공학으로 유명한 케임브리지대학교가 있다. 두 거장과 두 대학의 연관성도 생각해 보게 한다.

뉴턴 생가. 런던에서 북동쪽으로 150마일 떨어진 조용한 시골 마을로 뉴턴이 태어나서 자라며 위대한 발견을 한 장소이다.

뉴턴이 사과나무에서 사과가 떨어지는 것을 보고 만유인력의 법칙을 고안했다는 이야기가 담긴 사과나무. 주위에 5~6그루의 사과나무가 더 있다.

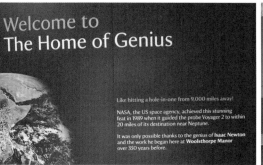

(좌)디스커버리 센터 입구 간판. 천재의 집에 온 것을 환영한다는 인사와 함께 350년 전 이곳에서 시작된 발견으로 우주로의 여행이 가능해졌다고 적혀 있다.
(우)뉴턴 연대표. 뉴턴은 1642년 크리스마스에 태어났으며, 같은 해 갈릴레리가 죽었다는 내용이 쓰여 있다.

두 사람의 사망과 출생 연도가 겹치는 것은 아니라는 주장도 있다. 두 사람의 죽음과 탄생에 실제로 연관이 있다고 믿는 사람은 없겠지만 재미있는 이야깃거리다.

뉴턴, 열다섯 살

　뉴턴은 농가에서 태어나 어린 시절을 보냈으니 그대로 세월이 흘렀으면 시골 농부로 한세상을 살다 갔을지 모른다. 그러나 열다섯 살 때쯤에 집 근처 스투어브릿지 장마당에서 산 투박한 유리 프리즘 하나가 그의 인생 경로를 바꾸어 놓았다. 프리즘에 투과된

무지개 색깔을 본 뉴턴은 빛의 성질에 대해 호기심을 느끼기 시작했다. 가끔씩 뉴턴의 집에 들르던 숙부는 뉴턴의 비상함을 눈여겨보다가 근처의 고등학교인 그랜탐 공립학교에 입학시킨다.

뉴턴은 방으로 빛이 들어오도록 창문에 구멍을 뚫어 놓고 프리즘 두 개를 이용해 빛이 색을 가지고 있음을 증명했다. 프리즘으로 일곱 빛깔 무지개를 만들었는데, 무지개를 다섯 가지 색깔로 인식하고 있던 사람들에게 이는 놀라운 발견이었다. 또한 그중 한 가지 빛을 또 다른 프리즘으로 통과시켰더니 일곱 빛깔 무지개가 아닌 그 한 가지 색깔로 굴절되어 나타나는 것을 보여 주면서 빛의 특성을 설명했다. 당시에는 철학, 수학, 물리학을 넘나드는 학

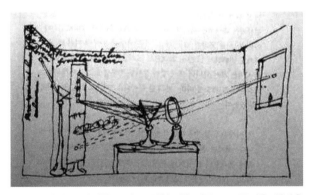

뉴턴이 직접 스케치한 프리즘 실험. 창 덧문으로 들어온 햇빛은 프리즘을 지나면서 여러 가지 색으로 분리된다. 그런 다음 분리된 유색광이 두 번째 프리즘을 지나는데, 이때 두 번째 프리즘에서는 더 이상 분리가 일어나지 않는다.

자였던 데카르트(1596~1650) 같은 지식인까지도 빛에는 색이 없으며 단지 프리즘의 기능이 색깔을 만들어 낸다고 생각했었다. 뉴턴은 동그란 구멍을 통과한 빛이 프리즘을 지나면 긴 띠 형태로 보이는 것에도 주목했는데, 빛은 굴절률이 서로 다른 광선으로 이루어져 있음을 보여 주는 현상이라고 설명했다.

공부에 소질을 보인 뉴턴은 케임브리지대학교에 들어갔다. 그에게는 독특한 공부 방법이 있었다. 단순히 책을 읽는 데서 그치는 것이 아니라 독서 후에는 그 내용을 노트에 정리하고 기존의 지식을 비판적으로 받아들이면서 자신의 생각을 발전시키는 방식이었다. 뉴턴은 주로 데카르트의 책을 많이 읽었는데, 책을 한 권 읽고 나면 덮은 뒤에 자기가 이해한 내용을 백지에 적어 봤다고 한다. 단순히 요약 정리만 하는 것이 아니라 자기의 생각이나 저자와 다른 의견을 과감하게 제시하면서 내공을 쌓아 갔다.

뉴턴, 스물네 살

1665년 영국에서는 페스트(흑사병)라는 전염병이 전국을 휩쓸었다. 케임브리지대학교는 결국 휴교령을 내렸고, 스물네 살의 뉴턴은 고향으로 내려와 18개월 동안 외부와의 접촉을 차단한 채

뉴턴이 반사망원경을 만든 이유

뉴턴은 굴절망원경으로 물체를 보면 빛의 색깔에 따라 굴절률이 다르기 때문에 정확한 관측이 어렵다고 봤다. 렌즈에 의해 물체의 상이 만들어질 때, 어떤 색의 빛이냐에 따라 굴절되는 정도가 달라져서 상이 생기는 위치와 배율이 바뀌는 현상을 파악한 것이다. 렌즈 대신 거울을 써서 빛을 반사시키면 색수차를 제거할 수 있다고 판단한 그는 반사망원경을 만들었다.

〈구조 비교〉

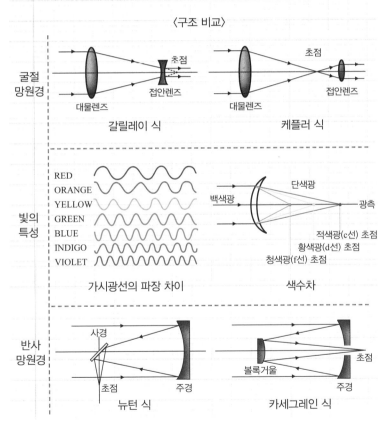

아이작 뉴턴(1642~1727)

혼자만의 시간을 갖게 되었다. 그때 「근대 미적분학」, 「중력이론」, 「천체역학」, 「광학이론」의 토대가 된 아이디어가 떠올랐다고 한다. 1665년과 1666년의 일이다. 영국 시인 존 드라이든 (1631~1700)은 이 시기를 '기적의 해'라고 표현했다. 이 연구 과정에서도 뉴턴은 끊임없이 질문을 던졌고, 강박에 가까울 만큼 파고들어 스스로 답을 찾고 다시 새로운 질문을 하며 탐구를 이어 갔다.

뉴턴이 떨어지는 사과를 보고 중력이론을 생각하게 되었다는 이야기에 관한 근거 자료는 없다. 후세의 회고록 집필자들이 만들어 낸 이야기라는 추측이 설득력을 얻고 있다. 뉴턴이 물체가 아래로 떨어진다는 사실을 떠올리는 데 사과는 필요 없었다. 갈릴레이가 이미 그보다 앞서 물체가 떨어지는 것을 보았을 뿐 아니라 물체를 탑에서 떨어뜨리고 경사로에서 아래로 굴려 보기까지 했으니 말이다. 그러나 네 명의 회고록 집필자들에게서 비롯된 사과 이야기는 독자적인 생명력을 얻어 수 세기 동안 발전을 거듭했다. 심지어 어떤 사람은 뉴턴의 머리에 사과가 떨어지는 순간 중력의 법칙이 번뜩 떠올랐다는 이야기를 하기도 한다.

네 명의 회고록 집필자는 뉴턴의 조카딸 캐서린 바턴, 바턴의 남편 존 콘듀이트, 왕립학회 부회장 마튼 폭스 그리고 자칭 뉴턴의 첫 번째 전기 작가 윌리엄 스터클리였는데 서술 내용도 조금씩 달라 사과 이야기에 크게 신빙성이 있다고 보기는 어렵다.

뉴턴은 스물여섯 살 때(1668) 케임브리지대학교에 복귀해 석사 학위를 받은 후 반사망원경을 제작한다. 렌즈를 이용한 굴절망원경으로 천체를 관측할 때는 관측물의 테두리가 선명하지 않고, 있지도 않은 파란색 띠가 나타났다. 고민하던 뉴턴은 거울을 이용한 반사망원경으로 이러한 문제점을 해결할 수 있었다. 현대 과학기술로 검증해 보면 가시광선의 보라색은 파장이 380nm이고 빨간색은 750nm이다. 이렇게 가시광선의 색에 따른 파장의 범위 차이 때문에 일어나는 부정확성을 당시의 뉴턴이 치밀하게 관찰해 보완한 것이다.

뉴턴, 서른 살

뉴턴은 서른 살이 되던 해(1672) 실험을 통해 알아낸 빛의 특성에 관해 영국 왕립학회에서 발표했다. 획기적인 뉴턴의 주장에 유럽 전체가 소용돌이쳤다. 왕립학회에서 매달 발행하는 학술지 〈철학회보〉는 뉴턴의 발표 이후 4년간이나 논쟁으로 들끓었다. 10편의 비판과 이에 대한 뉴턴의 반박 글 11편이 이어졌다. 그중에 로버트 훅(1635~1703)이 가장 격렬한 비판자였다. 뉴턴은 훅을 비롯한 무수한 비판자들과 논쟁을 벌이는 것에 환멸을 느끼고 다시는 광학을 연구하지 않겠다고 다짐한다. 그리고는 곧바로 연금술에 관심을 갖기 시작했다.

뉴턴은 30대 내내 연금술에 몰입했지만 안타깝게도 그것에 대한 성과로 남아 있거나 전해지는 것은 전혀 없다. 그 당시 유럽에서는 연금술 연구가 유행하고 있었고, 금 만드는 방법에 대해 말할 수 있어야 철학자 혹은 과학자로 명함을 내밀 수 있었다. 금속인 동시에 액체인 수은이 주로 연구 대상이 되었는데, 수은의 독성에 영향을 받아서인지는 몰라도 뉴턴의 머리는 반백이 되었고, 몸이 비쩍 마르고 얼굴은 말상으로 변해 버렸다.

뉴턴, 마흔다섯 살

뉴턴은 마흔다섯 살(1687년 7월)이 되어서야 운동의 법칙과 중력의 법칙을 담은 『프린키피아』(정식 타이틀은 『자연철학의 수학적 원리』) 1판 60부를 출간하게 된다. 출간에 필요한 경비는 집안이 부유했던 왕립학회의 서기 핼리(1656~1742)가 부담했다. '핼리혜성'을 발견한 바로 그 천문학자이기도 하다. 『프린키피아』의 초판

원본은 케임브리지대학교 트리니티칼리지의 렌도서관에 보관되어 있다. 크기는 가로 15cm, 세로 20cm 정도 되고 가죽 표지에 무게는 1,360g이었다. 512쪽 분량의 이 책에는 수학 문제, 계산, 도표가 라틴어로 가득 적혀 있다고 한다.

케임브리지대학교 트리니티칼리지 렌도서관에 보관 중인 『프린키피아』.

1609년에 천문학자 케플러(1571~1630)는 지구나 화성과 같은 행성이 태양 주위를 타원운동한다는 사실을 '케플러의 3대 법칙' 중 첫 번째 법칙으로 밝혔다. 그러나 케플러의 발견 후 수십 년이 지나도록 과학자들은 왜 행성이 타원운동을 하는지 밝혀내지 못해 대표적인 난제로 남아 있었다. 이러한 상황에서 뉴턴이 『프린키피아』를 펴내며 케플러의 법칙을 수학적으로 유도하고 완벽하게 증명한 것이다.

뉴턴이 『프린키피아』라는 책으로 세상을 놀라게 한 것은 그의 나이 마흔다섯 살 때였는데, 이는 중력이론 등의 아이디어를 처음 떠올렸던 스물네 살로부터 21년이나 지난 후였다. 사람들은 물었다. "당신의 머릿속 막연한 아이디어에 어떻게 확신을 가지고 이

케플러의 법칙

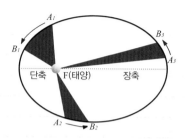

지구와 같은 행성이 태양 주위를 어떻게 돌고 있는지 케플러(1571~1630)가 밝혀낸 법칙이다. 물론 케플러가 이 법칙을 발표한 것은 코페르니쿠스(1473~1543)가 1543년에 지동설을 주장한 이후의 일이다. 코페르니쿠스는 행성들이 원운동을 한다고 했지만 케플러는 타원운동을 한다고 주장한 것이 획기적이다. 타원의 한 지점에서 초점을 지나 반대편까지 직선으로 연결했을 때 초점에서 긴 거리까지를 장반경, 짧은 거리까지를 단반경이라 한다. 장반경과 단반경의 거리 비율을 이심률이라고 한다면, 지구의 경우는 0.017이고 화성의 경우는 0.0934다. 행성이 태양을 타원궤도로 돈다고는 하지만 사람의 감각으로는 느끼지 못할 정도여서 거의 원궤도로 돈다고 볼 수 있다. 케플러의 위대함이 바로 여기에 있다. 이런 극히 미묘한 차이를 발견한 것이야 말로 대단한 관찰력과 분석력이라고 할 수 있다.

그럼 케플러는 어떻게 이런 위대한 발견을 할 수 있었을까? 좋은 스승을 만난 것이 그가 뛰어난 과학자가 될 수 있었던 밑거름 중 하나였다. 그의 스승 티코 브라헤(1546~1601)는 관측을 잘했고, 제자 케플러는 수학을 잘했다. 브라헤는 망원경이 나오기 전에 맨눈으로 행성의 움직임을 관찰하고 그 자료를 축적했다. 브라헤가 일찍 죽는 바람에 그 방대한 자료는 그의 제자 케플러에게 넘겨졌다. 그 스승에 그 제자라고, 케플러는 스승의 관측 자료를 바탕으로 수년 동안 시행착오를 거치면서도 포기하지 않고 결국 타원궤도를 찾아냈는데, 무려 2절지 용지 900장에 달하는 계산과 70여 회의 검산 과정을 거친 결과였다.

런 논문을 쓸 수 있었습니까?" 뉴턴은 아주 재미없게, 그러나 본질적으로 간단하게 답했다. "계속 생각했습니다." 뉴턴이 오로지 끊임없는 사고와 실험만으로 탁월한 업적을 이루었다는 걸 보여주는 이야기다.

사람이 유명해지면 정치계로부터 유혹받는 것은 예나 지금이나 마찬가지였던 듯하다. 『프린키피아』가 출간된 다음 해인 1688년 명예혁명 후 뉴턴은 케임브리지대학교 대표로 영국하원에 진출했고, 1691년에는 조폐국장으로 임명되었다. 탁월한 연구 성과를 내는 사람은 주변의 비판에 시달려야 했던 것도 마찬가지였다. 뉴턴 역시 많은 학문적 비판에 당면했지만 특히 사사건건 딴지를 거는 로버트 훅에 대해서는 치를 떨었던 것 같다. 뉴턴은 1703년 훅의 사망 후에야 영국 왕립학회 회장으로 선출되었다. 그 후 곧바로 『광학』 1판·2판, 『프린키피아』 2판·3판을 출판하는 등 연구 결과를 세상에 내놓는 데 비로소 자유로움을 느꼈다고 한다.

거인의 어깨 위에 올라선 거인

♦

뉴턴은 1727년 3월 19일 일요일 아침에 런던 교외 켄싱턴에서 방광결석의 통증을 이기지 못하고 여든 넷의 나이로 생을 마감했다. 평균수명이 그다지 길지 않았던 당시를 감안하면 매우 장수했던 셈이다. 84년 동안 그는 많은 재산을 모았다. 약 2,000권에 달하는 방대한 책과 미발표 원고 그리고 금괴, 금화 등 그의 재산은 모두 3만 1,821파운드 상당의 가치였던 것으로 추정되었으나 그는 유언장을 남기지는 않았다. 1727년 3월 21일 화요일 왕립학회 일지에는 이렇게 기록되어 있다. "아이작 뉴턴 경의 사망으로 의장이 공석되었으므로 이날 회의가 열리지 않음."

그의 장례식은 왕의 대관식 같은 국가적 중요 행사가 주로 열리는 웨스트민스터 사원에서 국장으로 성대히 거행되었으며 시신도 8일간 안치된 뒤 웨스트민스터 사원에 영원히 안장되었다. 프랑스 작가 볼테르(1694~1778)가 장례식에 참석하러 왔다가 마치 국왕의 장례식과 같은 장엄한 장례식장을 보고 깜짝 놀랐다는 일화가 있다. 과학자에 대한 영국 국민의 존경심이 이 정도인지 몰랐다며 영국과 프랑스를 비교하는 데 열을 올렸다고 한다.

뉴턴은 부모도, 연인도, 친구도 없이 단순하고 고독한 삶을 살았다. 그가 생애 동안 지구 표면을 밟은 거리는 고향인 링컨셔에서 케임브리지와 런던에 이르는 150마일에 불과했다. 뉴턴은 세상에 노출되는 것을 두려워하고, 비판과 논쟁을 꺼려해 연구 결과를 거의 발표하지 않았다. 어떤 이는 이렇게도 이야기한다. 뉴턴은 새로운 것을 알아나가는 재미로 과학을 한 것이지, 세상의 인

(좌)윌리엄 블레이크, 〈뉴턴〉, 1795 (우)에두아르도 파올로치, 〈뉴턴〉, 1995
영국 시인 블레이크는 컴퍼스로 도형을 그리는 뉴턴의 모습을 표현해 뉴턴이 세상을 간단하게 재단하려 했다고 비판했다. 200년 후 조각가 파올로치가 블레이크의 그림을 재해석해 만든 조각상이 현재 영국 국립도서관 앞에 설치되어 있다. 과학과 인문의 화해 그리고 융합을 상징하는 사례다.

정을 받는 것에는 관심이 없어서 연구 결과를 발표하는 데 익숙하지 않았다고 말이다.

그는 단 한 번을 제외하고는 사람들 앞에서 웃지도 않았다. 그 한 번은 고대 그리스의 수학자 유클리드의 책을 읽는 것이 생활에 어떤 도움이 되느냐는 질문을 받았을 때였다. 그 질문에 뉴턴은 매우 즐거워했다고 한다. 그런가 하면 뉴턴은 '천재는 정신 나간 사람'이라는 통념에 한몫하기도 했다. 연구에 몰두할 때면 그는 세상과 완전히 동떨어진 사람 같았다. 케임브리지대학교 동료들이 저녁 식사에 초대받고 뉴턴의 집에 왔다가 기다림에 지쳐 그냥 돌아갔다는 일화도 있다. 그때 뉴턴은 와인을 가지러 다른 방에 갔다가 어떤 아이디어가 떠오르자 저녁 식사와 와인과 손님을 까맣게 잊은 채 곧바로 그 자리에서 연구에 몰두한 것이다.

뉴턴은 "내가 더 멀리 보았다면 그것은 거인들의 어깨 위에 서 있었기 때문이다."라고 말했다. 선인들의 연구와 업적이 있었기에 발전을 추구할 수 있었다는 뜻으로, 철학자이자 수학자 그리고 물리학자로서 수많은 업적을 남긴 데카르트에 대한 겸손함을 표현한 말이다. 하지만 자신의 길을 방해하고 사사건건 시비를 걸었던 로버트 훅이 등이 굽은 장애인인 것을 은근히 비꼬면서 했던 이야기이기도 했다.

뉴턴의 업적은 바닷가 백사장의 모래알만큼이나 많지만 굵직한 것 몇 가지만 추려 보면 다음과 같다. 우선 그가 중력이론과 운동의 법칙을 밝혀낸 덕분에 사람이 로켓을 타고 우주여행을 할 수 있게 되었다. 또 그가 발견한 광학이론에 기초해 빛의 성질을 이용할 수 있게 되었으며 사진을 찍고, 영화를 만들고, 광통신망을 깔아 인터넷 환경의 토대를 만들 수 있었다. 이외에도 뉴턴은 실험과 논리적 분석을 근거로 하는 '과학적 방법론'을 확립함으로써 정치, 경제, 문화 등 사회 전 분야에 걸쳐 합리적으로 사고하는 방법을 선도했고, 오늘날과 같은 과학 문명 세상의 기초를 마련했다.

뉴턴은 근대 과학혁명의 상징적인 인물이다. 흔히 서유럽 지

적 문화의 형성에 지대한 영향을 끼친 사건으로 르네상스와 종교
개혁을 꼽는다. 만약 여기에 하나를 더 포함시킨다면 주저 없이
근대 과학혁명을 들고 싶다. 르네상스와 종교개혁이 신과 인간의
관계에 변화를 일으켰다면, 뉴턴이 길을 닦은 과학혁명은 이에 견
줄 만할 정도로 자연과 인간의 관계에 변화를 가져왔다. 이 변화
는 서유럽을 넘어 전 세계로 확대되었다. 우리는 과학혁명의 결과
로 탄생한 근대과학에 기대어 자연을 이해하고 또 이용하고 있으
며, 오늘날 우리가 누리는 풍요의 상당 부분 또한 여기에서 비롯
되었다.

천재의 탄생

　세계적인 시사 주간지 〈타임〉은 20세기 마지막 날인 1999년
12월 31일자 특별판을 발행하면서 '20세기의 가장 위대한 인물'
로 아인슈타인(1879~1955)을 선정했다. 〈타임〉은 과학 잡지가 아
니다. 처칠 영국 수상이나 루즈벨트 미국 대통령 등 전 세계적으
로 막대한 영향력을 행사했던 사람들을 모두 제치고 과학자가 선
정된 것은 다소 의외라고 할 수 있다. 그러나 〈타임〉 측의 설명은
명쾌했다. 20세기는 과학의 세기이고, 과학의 세기를 대표할 수

1893년 아인슈타인이 열네 살 때 모습.

있는 사람은 아인슈타인이라는 것이다.

아인슈타인은 뉴턴 역학으로 설명할 수 없는 양자역학의 세계를 밝혀냈다. 질량에너지 변환공식 $E=mc^2$을 만들어 원자력 발전을 가능케 했고, 원자폭탄으로 제2차 세계대전의 종식에 기여했다. 또한 반도체, 레이저, 섬유 등을 개발할 수 있는 이론적 토대를 제공해 정보 통신 혁명을 불러왔다.

아인슈타인은 1879년 3월 14일 금요일 오전 11시 30분, 몸체가 비정상적으로 크고 뒤통수가 각이 진 기형아 같은 모습으로 독일의 남부 도시 울름에서 태어났다. 아인슈타인의 어머니는 처음에는 아들의 머리 모양 때문에 충격을 받았고, 나중에는 발육이 늦어서 걱정이었다. 어린 아인슈타인은 가끔씩 자폐아 같은 행동을 보이기도 했다고 한다. 그는 머릿속으로 완전한 문장을 만들어 낸 다음, 낮은 목소리로 그 문장을 연습해 보고 나서야 비로소 다른 사람에게 말하는 버릇이 있었다. 그가 태어난 3월 14일은 공교롭게도 원주율(파이, π) 3.14와 같아서 파이데이 행사를 개최하면서 아인슈타인의 초상화를 내걸기도 한다.

어린 시절 아인슈타인은 내성적인 성격에 늘 관심을 기울여야만 하는 아이였다. 초등학교에 입학해서도 독일어가 어눌해 말을 잘 하지 못했고 권위주의적인 독일 학교를 싫어해 늘 교실에서 말썽을 일으키기 일쑤였다. 그러다 보니 학업성적이 안 좋아 결국 지진아로 분류되었으며, 담임 선생님은 생활기록부에 "이 아이는 나중에 무엇을 해도 성공할 가능성이 없음."이라고 기록했다고 한다.

피아니스트인 어머니는 이런 아인슈타인에게 세 살 때부터 피아노와 바이올린을 가르쳤다. 과연 유대인 어머니답다. 유대인 어머니들의 독특한 교육 방식은 세계 곳곳에 살고 있는 유대인들을 다른 나라 사람들과 구별하게끔 하는 기준이라고 할 만큼 유명하다. 특유의 교육 방식으로 유대인의 맥을 이어 간다는 것이다. 엉뚱하고 호기심 많은 어린 시절로 유명한 또 한 명의 과학자 에디슨의 어머니 같이 말이다.

아인슈타인은 복잡한 수학 공식이 풀리지 않을 때 바이올린을 연주했고, 그러다 보면 얼마 지나지 않아 "아! 그거였구나!" 하고 소리치면서 해답을 찾곤 했다고 한다. 또한 바이올린을 배운 지 7년 만에 모차르트 음악에서 수학적 구조를 깨달았다는데, 그것을 확인할 길은 아직 찾지 못했다.

◆

아인슈타인은 열여섯 살때부터 10년 단위로 커다란 매듭이 하나씩 지어지는 인생을 살았다. 작가 말콤 글래드웰(1963~)은 어떤 분야에서 괄목할 만한 성과를 내려면 최소 하루 세 시간씩 10년 동안 꾸준히 노력해야 한다는 '1만 시간의 법칙'을 말했는데, 아인슈타인이 그 원조라 할 만하다.

아인슈타인은 열여섯 살(1895) 때인 어느 여름날 공상에 잠겨 기분 좋게 길을 걷다가 문득 '빛의 속도로 움직인다면 어떨까?'라는 상상을 했다. 거기서부터 그의 탐구 여행이 시작되었다. 몇 년에 걸쳐 그는 번개가 치는 모습, 움직이는 기차, 가속하고 있는 승강기, 추락하는 페인트 공, 2차원의 눈이 먼 딱정벌레가 굽은 나뭇가지 위를 기어가는 모습은 물론이고, 빠르게 움직이는 전자의 위치와 속도를 정확하게 알아내도록 설계된 다양한 기계 장치를 마음속으로 상상했다.

그의 머릿속에서는 늘 수많은 실험에 대한 아이디어가 샘솟았다. 몸이 아파 침대에 누워 있으면서도 나침반의 바늘이 북쪽을 가리키는 이유를 알아내려고 애를 쓰던 소년은 그렇게 위대한 과학자의 미래에 한 발짝 다가서기 시작했다.

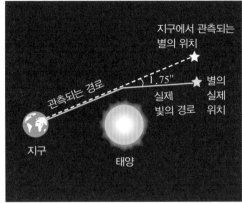

A. S. 에딩턴이 관찰한 개기일식.　중력장 속에서 빛이 구부러지는 현상.

아인슈타인, 스물여섯 살

아인슈타인은 스물여섯 살에(1905) 「광 양자론」, 「브라운 운동의 법칙」, 「특수상대성이론」을 한꺼번에 발표했다. 각각의 논문이 노벨상 감에 해당하는 대단한 것들이고, 과학자가 평생에 하나를 발표하기도 어려운 것들을 약관 스물여섯에 세 개씩이나 발표했으니 이 해를 또 다른 '기적의 해'라 할 만하다. 같은 해에 「분자 크기의 새로운 결정 방법」과 「특수상대성이론」의 짧은 부록으로 $E=mc^2$의 내용을 골자로 하는 「물체의 질량은 그 에너지량에 따르는가?」까지 치면 무려 다섯 개의 논문을 한 해에 발표했다.

아인슈타인, 서른여섯 살

아인슈타인은 서른여섯에(1915) 「일반상대성이론」을 완성하고 그다음 해에 발표하며 빛은 강한 중력장 속에서 구부러진다는 현상을 예측했다. 1919년은 아인슈타인에게 중요한 해로 기억될 수 있다. 영국의 천문학자 에딩턴(1882~1944)이 개기일식이 일어나는 동안 빛의 굴절을 관측했고 이를 통해 아인슈타인의 예측이 사실임이 확인되었다. 즉 태양 옆의 별빛이 태양의 중력으로 인해 휘어지는 현상이 관측되었고, 이로써 상대성이론이 검증된 것이다. 이 사건을 통해 아인슈타인의 명성은 하늘을 찌르기 시작했다.

그해 11월과 12월에 걸쳐 런던의 〈더 타임즈〉와 미국의 〈뉴욕 타임즈〉 등의 흥분된 언론 보도를 통해 아인슈타인은 빠르게 국제적인 스타로 부상했다. 아인슈타인의 상대성이론에 대해 대중 강연을 한다고 하면 그 도시에서 가장 큰 강연장도 청중들을 모두 수용할 수 없을 정도였다. 1919년 11월 7일자 〈더 타임즈〉는 '과학혁명 – 뉴턴주의는 무너졌다'는 제목 하에 일반상대성이론을 대서특필했다. 아인슈타인은 뉴턴의 역학으로는 설명할 수 없는 양자역학의 세계를 열어젖혔다.

〈뉴욕 타임즈〉가 특히 아인슈타인과 관련된 기사를 적극적으로 보도했다. 고전적인 제목을 좋아했던 당시 신문의 전통에 따른

1921년 처음으로 미국 뉴욕을 방문한 아인슈타인이 시민들의 환대를 받으며 카퍼레이드를 하고 있다.

6단짜리 기사의 제목은 다음과 같다.

> 하늘에서 비스듬한 빛
> 과학자들이 일식 관측의 결과에 대해서 상당히 흥분
> 아인슈타인 이론의 승리
> 별은 보이는 곳이나 계산된 곳에 없지만
> 걱정할 필요는 없다.
> 12명의 현인을 위한 책
> 대담한 출판사가 자신의 책을 발간하기로 했을 때
> 아인슈타인은 세상의 모든 사람이 이해할 필요는 없다고 말했다.

여기서 전 세계 사람들 중에 상대성이론을 이해하는 사람은 12명이라고 했는데, 실제로 전 세계 사람들을 상대로 세어 봤을 리는 만무하고 아마도 예수의 열두 제자에 빗대어 그렇게 쓰지 않았을까 싶다. 일반인이 그의 이론을 이해하지 못한다고 해서 크게 실망할 필요는 없으며, 또 적은 수의 사람만이 이해하더라도 이 이론이 충분히 가치 있는 것임을 말하고자 하는 것이리라.

10여 년 동안 노벨상 후보자로 거론되어 오던 아인슈타인은 1921년 드디어 「광 양자론」으로 노벨상을 탄다. 그러나 상금은 첫 번째 부인 밀레바가 차지했다. 대학 시절에 만나 결혼한 두 사람은 사이가 그다지 좋지 않았다. 진작부터 이혼하려고 했으나 밀레바의 반대로 부부 관계를 유지하다가, 아인슈타인이 "내가 노벨상을 받는다면 상금 전액을 당신에게 양보하겠소."라는 약속을 하고 1919년에서야 정식 이혼한다. 그리고 아인슈타인은 몇 주 만에 이종사촌이면서 3살 위인 엘자와 재혼했다.

아인슈타인, 마흔여섯 살

아인슈타인은 자신의 출발에 도움을 주었던 양자역학에 위대한 기여를 했지만, 동시에 양자역학에 대한 거부감을 드러내기 시작했다. 우주 만물이 움직이는 법칙을 단 한마디로 나타내기 위해 노력한 마흔여섯 살(1925)부터 알 수 없는 방정식을 쓰면서 일흔여섯 살의 나이에 대동맥 파열로 숨을 거둘 때(1955년 4월 18일)까지 30년 동안 통일장이론을 연구했다. 그러나 그는 결국 통일장 연구의 끝을 보지 못하고 죽었다. 30년의 긴 세월 동안 수많은 시간을 투자했는데 왜 결과를 내놓지 못했을까? 너무 어려워서? 과학 아닌 것을 하느라고 연구에 소홀해서? 아니면 미국의 물질적 풍요로움 때문에 나태해져서?

사망한 날 오후에 그의 시신은 유언에 따라 화장되어 델라웨어 강에 뿌려졌다. 그러나 그의 뇌는 프린스턴 병원 병리과 의사 토마스 하비에 의해 부검되는 과정에서 적출되어 여러 사람에게 나누어졌고, 천재성 뇌에 대한 연구 대상 재료가 되었다. 오랜 친구이자 안과 의사였던 헨리 에이브람스도 부검 결과를 확인하러 왔다가 안구 두 개를 가져갔다.

1999년 샌드라 위펠슨 교수와 온타리오의 맥매스터대학교 연구팀이 발표한 논문에 따르면 다음과 같은 사실을 확인할 수 있다.

"35명의 다른 남성과 비교할 때 아인슈타인의 두정엽 한 부분은 주름이 훨씬 더 많았고, 넓이 또한 15% 정도 더 넓었다."

"신경세포의 수가 많고, 후두엽의 크기가 일반인보다 더 크며, 뇌의 주름이 특이한 형태다."

이처럼 아인슈타인의 뇌에 대한 여러 건의 연구 결과가 발표되었으나 비상한 창의력을 가능케 했던 단서를 찾기에는 다소 무리가 있다는 것이 대체적인 견해다.

지성과 지혜의 아이콘

아인슈타인은 세상을 어떻게 바꾸었을까? 그는 뉴턴의 중력이론으로 설명할 수 없는 양자역학의 새로운 장을 열었다. 이동전화, 디지털 사진, 컴퓨터 칩, 인터넷, 초전도 현상, 나노 기술, 마이크로 전자공학 등의 이론적 토대를 제공했다. 그리고 누구나 다 알고 있으면서 아무나 알지 못하는 공식, $E=mc^2$을 발견했다. 이 공식이 핵분열에 의한 원자력 에너지 사용을 가능하게 했으며 원자폭탄의 개발로 이어져 제2차 세계대전의 종전을 앞당겼다. 그러나 한편으로는 인류를 방사능의 해로움에 노출시키는 악영향도 초래했다.

아인슈타인이 남겼던 말 중에는 의미심장한 몇 마디가 있다.

"자기가 알고 있는 것을 이웃집 할머니께 설명해서 이해시킬 수 없다면 그것은 진정으로 알고 있는 것이 아니다."

과학에 대해 전문적인 지식이 없는 평범한 사람들은 웬만해서는 상대성이론을 이해할 수 없으니 아인슈타인이 얼마나 많은 사람의 질문에 시달렸을지 짐작이 간다. 이 말은 아마도 자신의 이론을 최대한 간결하고 쉽게 설명하고자 했던 경험에서 나온 말이 아닐까? 아이러니하게도, 과학을 연구하는 것을 업으로 삼고 있는 과학자들 가운데서도 상대성이론을 명쾌하게 설명하는 사람을 만나기는 쉽지 않다.

뉴턴과 아인슈타인의 공통점

○ 천재 과학자의 특성 세 가지

① 기존 이론을 그대로 받아들이지 않고 비판적으로 이해하려는 태도.

② 여러 곳에 흩어져 있는 개별적 사실들 사이에서 연관성 또는 차이점을 찾아내는 능력.

③ 고도의 집중력과 끈기.

○ 평탄하지 못한 출생

유복자로 병약하게 태어난 뉴턴은 과연 살 수 있을지 걱정스러울 정도였으며, 아인슈타인은 몸이 너무 크고 뒤통수가 각이 져서 기형아 같은 모습으로 태어났다.

○ 모든 연구가 다 성공한 것은 아니었다

뉴턴은 30대 때 오랜 기간 동안 연금술에 매달렸지만 그것에 대한 성과는 어디에서도 찾아보기 어렵다. 아인슈타인도 46세부터 통일장이론을 30년 동안 연구했지만 죽을 때까지 그 결과를 세상에 내놓지 못했다.

"상상력은 지식보다 더 중요하다."

많은 유대인이 상상력과 창의력을 중요하게 여긴다. 태양, 산, 소 등 보이는 존재를 신으로 섬기던 시대에 유대인들은 눈에 보이지 않는 추상적인 존재로서의 하나님을 처음으로 믿었다. 어쩌면 이것을 상상력의 시작이라고 말할 수 있을 것이다. 그들은 상상력을 통해서 창조적인 생각에 이를 수 있다고 믿었다.

"나는 특별한 재능이 있는 것이 아니라 열정적인 호기심을 가지고 있을 뿐이다."

"인생은 자전거 타기와 같다. 균형을 유지하려면 끊임없이 움직여야만 한다."

1930년 2월 5일 아인슈타인이 아들 에두아르트에게 쓴 편지에 나오는 구절이다.

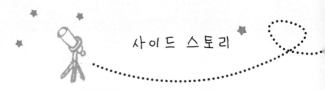

〈타임〉은 왜 표지에 빨간색 테두리를 둘렀을까?

우리는 책을 읽을 때 중요한 부분에 빨간색으로 밑줄을 친다. 〈타임〉에 실린 내용이 모두 빨간 줄을 쳐야 할 정도로 중요하다는 것을 알리고 싶을 때, 모든 곳에 밑줄을 그으면 어떻게 될까? 지면이 몹시 지저분해져서 강조하고자 하는 내용이 눈에 띄지 않을 것이다. 〈타임〉이 선택한 방법은 표지에 빨간색으로 테두리를 두르는 것이었다. 이 잡지 속의 모든 내용이 기억할 만한 가치가 있다는 것을 그렇게 표현했던 것이다.

뉴스를 맥락에 담아 전달하다

당시 스물다섯 살이던 예일대 동창생 헨리 루스(1898~1967)와 브리턴 해든(1898~1929)은 어떻게 하면 뉴스를 가치 있게 전달할까 고민하다가 〈타임〉을 만들었다. 그때까지만 해도 매일 발간되는 신문이 주류를 이루고 있었고, 시간이 부족한 사람들은 매일 전달되는 단발성 뉴스 가운데 어느 것이 중요한지 쉽게 이해할 수 없었다. 루스와 해든은 뉴스를 맥락 속에 집어넣어 전달해 보기로 했다. 독자들을 사건 현장에 있는 듯 끌어들이는 내러티브 스타일로 기사를 쓴 것이다. 매회 표지에는 뉴스메이커의 사진과 초상을 올려 뉴스메이커 중심으로 기획했다. 예를 들어 1945년 제2차 세계대전에서 승리한 윈스턴 처칠이 선거에서 패했을 때, 그의 입에 물려 있던 시가가 바닥으로 떨어지는 모습까지 묘사할 정도였다.

20세기를 미국의 시각으로 해석하다

〈타임〉은 20세기를 미국의 시각으로 해석하며 역사를 만든 잡지다. 시작부터 미국식 패기가 넘쳤다. 〈타임〉의 기사는 맥락에 따라 편집되어야 하고, 목소리는 절제되어야 하며, 정보가 지식으로 바뀌기 위해서는 인간의 손이 필요하다는 식이었다. 그러다 보니 〈타임〉은 매일 발간되는 신문과는 달리 주간지가 될 수밖에 없었다. 이 시기에 같이 나온 것이 〈리더스 다이제스트〉다. 옥석을 구분하고, 시시한 것과 중요한 것을 가려내는 아이디어야말로 초창기부터 지금까지 〈타임〉에 생명력을 불어넣은 가치다.

〈타임〉이 선정한 '세기의 인물', 아인슈타인

1927년부터 선정해 온 '올해의 인물'은 〈타임〉의 트레이드 마크다. 우연으로 시작해 전통으로 굳어졌다. '올해의 인물'에 처음으로 이름을 올린 사람은 대서양 단독 비행에 성공한 찰스 오거스터스 린드버그(1920~1974)였다. 사건 당시 〈타임〉은 그 가치를 인식하지 못하고 기사를 부실하게 다루었다. 그것을 만회하기 위해 그해 말에 린드버그를 올해의 인물로 선정해 표지에 올린 것을 시초로 〈타임〉의 얼굴이 되었다.

1999년 12월 31일은 20세기가 끝나고 21세기가 시작되는 날이었다. 그해 말은 올해의 인물이 아니라 '세기의 인물'을 표지에 실어야 했다. 루즈벨트, 처칠, 간디 등 많은 후보가 검토되었고, 쉽게 결정을 내리기 어려운 상황이었다. 편집부에서는 인물을 선정하기 전에 20세가 어떤 세기였는지부터 정의해 보기로 했다. 그러자 쉽게 결론이 났다. 누가 뭐라 해도

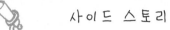

20세기는 과학의 세기라는 것으로 의견이 모아졌다. 두 번의 전쟁을 치르고 냉전 체제가 형성되면서 과학기술이 획기적으로 발전되었기 때문이다. 그러면서 과학자 중에서 세기의 인물을 선정해야 한다고 의견이 모아졌고 아인슈타인이 최종 낙점되었다. 〈타임〉은 〈사이언스〉나 〈네이처〉 같은 과학 전문 잡지가 아니라 시사 잡지다. 그런 〈타임〉이 세기의 인물로 과학자인 아인슈타인을 선정했다는 것은 과학을 얼마나 중요하게 인식하고 있는지를 생각해 보게끔 하는 일화다.

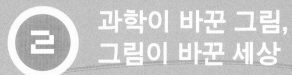

과학이 바꾼 그림, 그림이 바꾼 세상

: 과학은 어떻게 역사를 바꾸었을까?

무엇이 세상을 바꿨나?

과천과학관에서 찾아보세요 ^^

근대의 미술 사조는 1700년대 사실주의에서 1800년대 인상주의로 바뀌었다. 왜 바뀌었을까? 프랑스 혁명과 계몽주의에 대한 반작용으로 낭만주의가 예술계를 휩쓴 탓도 있지만, 그 진짜 배경에는 우리가 미처 몰랐던 과학기술의 위대한 발명들이 숨어 있다. 그림 속에 숨은 이야기를 찾아 과학이 어떻게 세상을 바꾸었는지 들여다보자. ✦

화학자 라부아지에 부부와 화가 다비드

사실주의 화가 다비드가 그린 그림 속 주인공은 누구일까? 그는 바로 '근대 화학의 아버지'라 불리는 라부아지에(1743~1794)다. 라부아지에는 1743년 파리에서 부유한 법률가의 아들로 태어났다. 정부를 대신해서 세금을 거두어 주는 세금 징수 사업으로 많은 부를 쌓은 그는 천문학 강의를 들은 후 과학자의 길로 들어섰다. 그 후 라부아지에는 그동안 모은 돈과 부모로부터 물려받은 유산을 실험 도구와 재료를 구입하는 데 아낌없이 쏟아부었다.

라부아지에가 살던 시대까지만 해도 연금술의 흔적이 진하게 남아 있었다. 연금술사들은 어떤 사람들일까? 그들은 세상이 물, 불, 흙, 공기로 이루어져 있으며 이 네 가지 외에 인간이 아직 찾지 못한 특별하고 놀라운 물질 한 가지가 더 있다는 믿음으로 끝

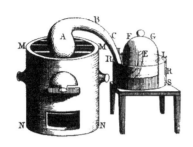

라부아지에의 플로지스톤 실험을 표현한 판화. 라부아지에가 쓴 『화학요론』에 실린 그림으로, 부인 마리 앤 라부아지에가 그렸다.

없는 실험을 통해 그 한 가지를 찾아내려 한 사람들이다. 흙이나 돌마저 황금으로 바꾸어 준다는 '현자의 돌'을 찾기 위해 연금술사들은 지구에 있는 거의 모든 물질의 성분과 성질을 분석하고 비교했다. 그리고 결국 이들의 후예가 화학자가 되었다.

'물질이 탄다'는 것은 어떤 것일까? 연금술사의 후예들은 눈에 보이지 않는 신비한 물질인 '플로지스톤'이라는 것을 상상했다. 나무나 기름이 잘 타는 것은 그 속에 플로지스톤이 많이 들어 있기 때문이고, 물체를 뜨겁게 달구면 플로지스톤이 튀어나와 불꽃이 만들어지며, 물질을 태우면 재만 남아 가벼워지는 것은 플로지스톤이 빠져나갔기 때문이라고 설명했다.

하지만 라부아지에는 금속을 태운 재가 원래 금속의 무게보다 무거워진다는 사실을 발견했다. 공기 중의 무언가가 금속과 결합한다는 사실을 실험으로 알아낸 것이다. 라부아지에는 그 기체가 인간이 숨 쉬는 데 꼭 필요한 '생명의 공기'라는 사실도 알아냈다. 라부아지에는 이 공기에 '옥시젼(산소)'이라는 이름을 붙였다.

그는 이 실험을 시작으로 물의 성분을 밝혀내어 물을 수소와

파리 국립기술공예박물관에 전시되어 있는 라부아지에의 실험실.

산소로 분리하고 또 수소와 산소로 물을 합성하기도 했으며, 세상의 물질은 고체, 액체, 기체 상태로 존재한다고 정의를 내렸다. 또한 그때까지 혼란스러웠던 물질의 이름을 통일하고 33개의 원소명을 정해 'NaCl(aq) + AgNO$_3$(aq) → AgCl(s) + NaNO$_3$(aq)'처럼 식으로 표현할 수 있도록 했다.

셸레(1742~1786)와 프리스틀리(1733~1804)라는 두 과학자도 실험으로 산소의 존재를 알아냈지만, 이들의 실험은 실험으로만 그쳤다. 정확한 양을 측정해 객관적인 실험을 하고, 그런 자신의 실험을 이론으로 정립해 발표한 사람은 라부아지에뿐이었다. 라부아지에야말로 연금술의 관 뚜껑에 못을 박은 과학자였다.

라부아지에가 남긴 업적 중 우리에게 가장 많이 알려진 것은 '질량보존의 법칙'이다. 이 법칙은 화학반응이 일어나기 전 반응 물질의 질량과 화학반응 후에 생성된 물질의 질량이 같다는 것이다. 즉, 물질은 화학반응을 통해 성분이 변할 뿐 소멸되거나 없어

인구가 늘어나면 지구의 무게는 더 무거워질까?
질량보존의 법칙으로 풀어 보자!

UN은 2013년 10월 말 부로 세계 인구가 70억 명이 되었다고 발표했다. 이로부터 12년 전의 발표에 따르면 당시 세계 인구는 60억 명이었다. 그렇다면 지구의 무게는 10억 명의 몸무게만큼 무거워지지 않았을까? 한 사람의 몸무게가 대략 50kg이라고 하면 최소 10억 명×50kg=5,000t 정도는 무거워졌을 것이다. 버스에 사람이 10명 탔을 때보다 30명 탔을 때 더 무거워지는 것처럼 말이다.

그러나 지구는 더 무거워지지도, 가벼워지지도 않는다. 사람이 태어나고, 성장하고, 죽는 것은 모두 지구가 원래 갖고 있던 물질이나 원소들의 상태나 위치 등이 변하는 것일 뿐이다. 때문에 그 총량에는 변함이 없다. 이것이 바로 질량보존의 법칙이다.

여기서 무게와 질량의 정확한 뜻도 알아보자. 무게란 지구가 물체를 끌어당기는 힘의 세기다. 중력 때문에 생기는 것으로 행성마다 중력이 다르니 다른 행성에 가면 우리의 몸무게는 달라진다. 몸무게가 50kg이라면 달에 가면 8.3kg이 되고, 목성에 가면 118.5kg이 된다. 하지만 질량은 원래부터 물질이 가지고 있는 고유한 양과 크기다. 과학자들은 4℃ 물 1ml의 양을 질량 1g이라고 약속하고 질량을 구한다.

라부아지에가 호흡과 관련한 실험을 하는 장면. 마리 앤 라부아지에가 그렸다.

지지 않는다. 이 법칙은 기초과학의 근간이 되었다.

뛰어난 발견을 한 라부아지에도 훌륭하지만 그의 아내 마리 앤 라부아지에도 남편의 실험 준비와 뒷정리를 도왔을 뿐만 아니라 실험 내용과 결과를 그림으로 묘사해 라부아지에가 업적을 남기는 데 큰 기여를 했다. 특히 프랑스 혁명이 일어나면서 라부아지에가 오십 세의 젊은 나이에 갑자기 단두대에서 처형되자 미처 세상에 내놓지 못한 연구 자료들을 정리해 대신 발표하기도 했다.

라부아지에 부부의 초상화를 그린 자크 루이 다비드(1748~1825)는 프랑스 당대 최고의 화가였다. 〈알프스를 넘는 나폴레옹〉, 〈나폴레옹 1세와 조세핀 황후의 대관식〉, 〈서재에 있는 나폴레옹〉등으로 유명하다. 특히 〈알프스를 넘는 나폴레옹〉은 "내 사전에 불가능이란 없다."라는 나폴레옹의 유명한 말을 인용할 때면 꼭 함께 소개되는 그림이다. 다비드의 그림은 나폴레옹을 영웅으로 만드는 데 결정적으로 기여했다.

다비드는 정치에 큰 관심을 가진 화가였다. 부모 잘 만났다는 이유만으로 황제가 대물림되는 제도의 모순에 염증을 느꼈던 그는 나라와 국민을 불행에 빠뜨리는 사람이 황제가 되어서는 안 된다고 생각했다. 당시 라부아지에는 과학적 소양과 지식도 풍부했고 나라를 위해 여러 훌륭한 재능을 발휘했으며 인간관계도 넓었다. 이 점을 높이 평가한 다비드는 라부아지에와 인연을 맺고 라부아지에 부부의 초상화를 그려 주었다.

그러나 다비드는 프랑스 혁명 당시 급진파를 지지한 화가였다. 급진주의 혁명가 마라(1743~1793)가 죽자, 〈마라의 죽음〉이란 그림에서 그를 숭고한 희생자처럼 묘사해 사람들이 마라의 죽음에 분노하게 만들기도 했다. 급진파의 반대편인 왕당파에 가깝던 라부아지에가 이 그림 때문에 단두대의 이슬로 사라졌다는 이야기가 나올 만큼 그림은 사실적이고도 선정적이었다.

그런 다비드가 혁명 정신을 실현해 줄 위대한 지도자를 기다리다 나폴레옹을 만났다. 나폴레옹에게 푹 빠진 다비드는 나폴레옹을 세상에 잘 보이게 하려고 그의 초상화를 각색해서 그렸다. 극작가 브레히트 (1898~1956)도 "예술은 현실을 비추는 거울이 아니라 현실을 만드는 망치다."라고 말하지 않았던가?

자크 루이 다비드,
〈알프스를 넘는 나폴레옹〉, 1801

〈알프스를 넘는 나폴레옹〉은 나폴레옹이 1800년에 북부 이탈리아를 침공하기 위해 알프스 생 베르나르 협곡을 넘는 장면이다. 하지만 그림과 달리 알프스를 넘을 당시 나폴레옹은 농부가 끄는 나귀를 타고 있었고 날씨 역시 맑았다는 게 그 지역 사람들의 증언이다. 실제로 폴 들라로슈(1797~1856)의 그림에는 나귀를 탄 작고 볼품없는 나폴레옹이 등장한다.

게다가 알프스 협곡을 넘어 시작된 마렝고 전투에서도 측면 기습 공격을 한 것까지는 좋았으나 오스트리아군에 포위되어 어려운 지경에 처했고, 드세 장군의 도움을 받아 겨우 승리할 수 있었다. 드세 장군이 전사하자 승전의 공은 나폴레옹에게로 돌아갔다. 그러나 다비드는 그림 왼쪽 하단 바위에 나폴레옹의 이름 보

자크 루이 다비드, 〈나폴레옹 1세와 조세핀 황후의 대관식〉, 1804

나파르트를 크게 새겨 넣고, 그 이전에 알프스를 넘었던 카르타고 장군 한니발과 신성로마제국 황제 샤를마뉴의 이름은 작고 흐릿하게 써 넣었다. 실제 사건을 바탕으로 하되 나폴레옹이 위대하게 보이도록 작위적인 그림을 그렸던 것이다.

나폴레옹 또한 그런 다비드를 잘 이용해 〈나폴레옹 1세와 조세핀 황후의 대관식〉을 그리도록 했다. 이 그림은 노트르담 성당에서 1804년 12월 2일에 거행된 황제의 대관식을 참관한 다비드가 스케치를 바탕으로 3년에 걸쳐 완성한 대작이다. 다비드는 이 그림이 세계에서 가장 큰 그림(621×979cm)이라고 확신했지만,

실제로는 이탈리아 베로네세(1528~1588)가 16세기에 그린 〈가나의 결혼식〉(666×990cm)이 조금 더 크다. 두 그림은 모두 루브르 박물관에 있는데, 공교롭게도 두 그림이 가까운 위치에 전시되어 있으니 쉽게 확인이 가능하다. 다비드는 그런 사실을 모르고 자기가 세계에서 가장 큰 그림을 그렸다는 자부심을 갖고 행복하게 살다 갔을 것이다.

이 그림에서 역시 다비드는 나폴레옹 황제를 사실보다 더 위대하게 그렸다. 로마 교황 피우스 7세를 들러리로 세우고, 40세인 나폴레옹의 부인 조세핀을 매우 우아하게 표현했으며, 그의 어머니는 참석하지도 않았지만 현장의 중앙 부분에 등장시켜 대견해 하는 모습을 그려 넣었다. 이 그림 하나만 가지고도 한 편의 소설이 나오기에 충분할 정도다.

〈서재에 있는 나폴레옹〉도 마찬가지다. 짤막해지도록 타들어 간 양초는 나폴레옹이 프랑스 국민들을 위해 밤새도록 일하고 있었다는 표

자크 루이 다비드,
〈서재에 있는 나폴레옹〉, 1812

현이고, 그것으로도 부족해서 벽시계는 새벽 4시 13분을 가리킨다. 헝클어진 머리카락, 단추 풀린 옷소매, 주름진 바지는 일에 몰두했다는 것을 나타낸다. 그렇다면 또 무슨 일을 그렇게 열심히 하고 있었는지가 궁금해질 텐데, 책상 위에 놓인 두루마리 문서에 'CODE'라는 제목이 선명하게 보이도록 해서 역사에 길이 남을 '프랑스 민법전(Code Napoleon)'을 구상 중이었음을 강조한다. 이 법령은 개인 신분의 특권을 없애고 종교의 자유를 허용한다는 내용을 담고 있다. 또한 의자 위에 풀어 놓은 칼은 군인으로서 프랑스 국민들의 자유 · 평등 · 박애 정신을 수호하는 지적이고 성실한 나폴레옹 장군을 똑 부러지게 표현했다.

〈삼나무가 있는 밀밭〉을 탄생시킨 과학

사실주의란 무엇일까? 사물을 객관적으로 있는 그대로 정확하게 재현하려는 태도를 말한다. 〈앙투안 로랑 라부아지에와 부인의 초상〉이나 〈알프스를 넘는 나폴레옹〉과 같은 그림을 보면 인물이 선명하고 안정된 색채로 마치 눈앞에 있는 것처럼 그려져 있다. 구불구불하고 거친 붓 터치로 요동치는 구름과 나무를 그린 고흐의 〈삼나무가 있는 밀밭〉 같은 작품과는 전혀 다르다.

클로드 모네, 〈인상 : 해돋이〉, 1872

    인상주의란 무엇인가? 고흐나 모네의 그림처럼 빛에 의해 시
시각각 변화하는 사물의 인상을 그림으로 표현한 사조를 일컫는
다. 인상주의가 처음 등장했을 때만 해도 사람들은 현실을 완벽하
게 모방한 그림, 정해진 색으로 꼼꼼하게 채색한 사실주의 그림
을 최고로 여겼다. 하지만 인상주의 화가들은 햇빛에 따라 시시
각각 변화하는 실외 풍경을 그리고 싶어 했다. 풍경을 보고 받은
순간순간의 인상을 그려 내야 하기 때문에 인상주의 그림은 거칠
고 투박했다. 실제로 처음 인상주의 그림이 등장했을 때 사람들은

'못 그린 그림', '그리다 만 그림'이라고 조롱하고 폄하했다.

그럼 인상주의는 어떤 배경 속에서 탄생했을까? 사실주의가 화풍을 지배하고 있을 때, 과학기술의 발달로 사진 찍는 기술이 개발되었다. 이제 사실과 똑같은 그림을 그리는 것은 무의미해졌다. 사진이 그림의 자리를 대신하게 된 것이다. 가치가 없는 그림으로는 밥벌이도 힘들었다. 젊은 화가들은 사진으로도 얼마든지 볼 수 있는 현실의 판박이가 아닌, 새로운 눈으로 세상을 바라보고 새로운 그림을 그려야겠다고 생각했다.

'인상'이란 무엇을 보았을 때 그 순간 마음에 새겨지는 느낌이다. 화가들은 그 느낌을 그림으로 표현했다. 풍경은 풍경인데 사실 그대로가 아닌 인상을 표현하는 것이므로 사물들이 명확하지는 않지만, 보는 사람들로 하여금 이미지를 충분히 읽어 내도록 하는 데는 지장이 없었다. 그때 마침 물감의 합성 기술도 개발되어 화가들은 튜브에 물감을 넣어 간편하게 밖으로 가지고 나갈 수 있게 되었다. 밝은 햇빛 아래 특별한 색채가 어우러지는 아름다운 그림들이 쏟아져 나왔다.

결국 시간이 지날수록 사진으로도 충분히 감상할 수 있는 사실주의 화풍의 그림보다 순간의 풍경을 자유롭게 포착한 인상주의 화풍의 그림이 사람들의 마음을 사로잡았다. 그 결과 모네, 르누아르, 드가, 세잔, 마네, 고흐 등의 인상주의 작품은 오늘날 많은

사진 기술의 개발

일찍이 레오나르도 다빈치(1452~
1519)가 오늘날 카메라의 원형에
해당하는 카메라 옵스큐라(어둠상자)
를 고안했고, 1826년 프랑스의 니
엡스(1765~1833)가 광학과 화학을
이용, 합성물 위에 이미지를 고착시
켜 최초의 사진을 찍었다. 그 후 루

카메라 옵스큐라.

이 다게르(1789~1851)가 1837년 은도금한 동판 위에 생성시킨 요오드
화은을 광선에 노출시켜 이를 수은으로 현상하고 식염수로 정착시키며
사진의 원천 기술을 발명했다. 다게르는 링컨(1809~1865) 대통령과 소
설가 애드가 앨런 포(1809~1849)의 은판사진을 찍어 남겼다. 곧 은판
대신 종이 인화법이 발명되었고, 1907년에는 상업적 컬러사진이 등장
했으며 1925년 필름이 만들어져 카메라가 대중화되었다. 1980년대 후
반에는 이미지를 디지털 저장 장치에 직접 기록하는 디지털카메라가
등장해 오늘날에 이르렀다.

합성물감의 개발

옛날의 물감은 아름다운 색을 가진 천연 광물을 분말로 만들어 물이나
기름 등 적당한 액체에 풀어서 사용한 것이었지만 오늘날에는 인공 안
료를 물, 합성수지 등 여러 종류의 오일에 개어 만든다. 물감이 되는
안료의 종류는 중세까지는 그리 많지 않아 연백, 청, 녹토, 석
황, 황토와 그것을 구운 적갈색, 흑갈색 등 7~8가지
색에 지나지 않았다. 화가는 이런 안료를 채집, 가
공할 수 있는 시설과 장비가 구비된 장소에서만 그

림을 그릴 수 있었다.

르네상스 무렵부터 식물성 염료나 동물성 색소가 다양하게 이용되면서 실내 유화가 많이 그려졌으며, 1800년대에 이르러 화학의 발전과 산업혁명의 물결로 염료 산업이 활발해져 제조법과 보관법을 획기적으로 향상시킨 물감이 공장에서 기계로 생산되었다. 여기에 1824년 영국에서 금속 튜브가 발명됨으로써 화가들은 물감을 가지고 집 밖으로 나갈 수 있게 되었다.

사람에게 사랑받는 그림이 되었다.

1700년대 사실주의 화풍이 1800년대 인상주의로 바뀌게 된 것은 1830년대에 개발된 사진 기술과 그림물감 합성 기술의 영향이라고 볼 수 있다. 그리고 이 기술들은 곧 과학기술이다. 과학기술이 그림을 바꾸었고, 그림은 사람들의 미적 감각과 취향을 바꾸었으니, 과학이 세상을 바꾸었다고 말할 수 있을 것이다.

과학은 그 이후에도 꾸준히 그림에 영향을 미쳤다. 동판화의 발명으로 작품을 대량으로 찍을 수 있게 되어 더 많은 사람들이 저렴하고 손쉽게 미술 작품을 소유할 수 있게 해 주었고, 현대에 들어서는 넓은 벽에 손쉽게 색을 칠할 수 있는 스프레이 페인트가 발명되어 음침한 빈민가 뒷골목을 알록달록하게 변화시키는 그라피티 예술이 탄생하기도 했다.

평범해 보이는 그림 속에도 과학이 들려주는 수많은 이야기가 숨어 있다. 미국의 천문학자 도널드 올슨 교수는 고흐가 그린 그림 속의 별들을 통해 고흐가 그림을 그린 시간과 위치를 추적하는 연구를 진행하기도 했다. 실제로 고흐는 그 당시에 인기 있었던 천문학 서적을 탐독하고 하늘과 별을 관찰하는 일을 좋아했다고 한다.

뭉크의 〈절규〉에는 유령 같은 얼굴에 양손을 대고 공포에 찬 비명을 지르는 인물이 등장한다. 같은 주제를 그린 소묘 작품에 뭉크는 다음과 같은 글을 남겼다.

"두 친구와 함께 산책을 나갔다. 햇살이 쏟아져 내렸다. 그때 갑자기 하늘이 핏빛처럼 붉어졌고 나는 한 줄기 우울을 느꼈다. 친구들은 저 앞으로 걸어가고 있었고 나만이 공포에 떨며 홀로 서 있었다. 마치 강력하고 무한한 절규가 대자연을 가로질러 가는 것 같았다."

그런데 뭉크가 〈절규〉를 그릴 무렵, 인도네시아에서는 실제로 엄청난 화산 폭발이 있었다. 그때 생긴 화산재가 전 지구에 퍼졌는데, 화산재는 파장이 짧은 파란빛은 사방으로 산란시키고 파장

뭉크, 〈절규〉, 1893

이 긴 붉은빛만 통과시키기 때문에 당시 하늘이 매우 붉었다고 한다. 뭉크가 바라본 하늘은 실제 하늘이었던 것이다.

　많은 사람이 과학기술을 어려운 것이라고 생각한다. 하지만 정말 그럴까? 과학은 자연현상을 관찰하고, 탐구하고, 실험한 결과 등을 바탕으로 보편적 진리나 법칙을 연구하는 학문이다. 예술 분야는 어떨까? 미술은 자기가 생각한 것이나 다른 대상에게서 받은 느낌, 인상 등을 그림이나 조각품 등으로 만들어 내는 것이다. 음악은 자기의 감정을 오선지에 그리고 악기나 목소리로 표현해야 한다. 보이지 않는 마음의 상태를 표현하는 것과 보이는 자연현상을 관찰하는 것 중 어느 것이 더 어려울까? 나는 미술이나 음악이 과학보다 훨씬 더 어렵다고 생각한다.

　〈앙투안 로랑 라부아지에와 부인의 초상〉과 〈삼나무가 있는 밀밭〉, 이 두 그림은 모두 뉴욕의 메트로폴리탄미술관이 소장하고 있는 그림이다. 국립과학관 건설 추진기획단장으로 일하며 과천과학관 완공을 몇 개월 앞두고 있던 무렵, 정권이 바뀌면서 과학관 운영 인력을 130명에서 50명으로 줄이겠다는 통보를 받았다. 이 문제를 해결할 방법으로 자원봉사 제도를 고민하던 차에 마침 신문에서 구창화 씨의 인터뷰 기사를 읽게 되었다.

구창화 씨는 미국 사회의 오랜 인종 갈등에서 비롯된 LA폭동 이후 우리 교민들의 문화적 소통과 교류를 고민하다가 자신의 전공을 살려 뉴욕 메트로폴리탄미술관에서 20여 년간 자원봉사를 해 오고 있었다. 그를 만나 자원봉사 제도에 대한 자문을 받고 싶은 마음이 있었으나 생각만으로 그쳤다. 그러다가 다시 2010년 2월, 떠난 지 1년 만에 과천과학관 전시연구단장으로 부임하여 자원봉사 제도에 대해 더 절박하게 고민해야 할 상황에 처

자크 루이 다비드,
〈앙투안 로랑 라부아지에와 부인의 초상〉, 1788

했다. 2011년 5월, 과천과학관 동료들과 함께 떠난 미국 출장길에 들른 뉴욕 메트로폴리탄미술관에서 드디어 구창화 씨를 만났다.

그는 대뜸 우리를 〈앙투안 로랑 라부아지에와 부인의 초상〉 앞으로 데려갔다. 가로 2m, 세로 3m 크기로 전시장 바닥부터 천장까지 꽉 찰 만큼 큰 그림이었다. 그림을 가리키며 "과학관에서 오셨으니 누구인지는 아시죠?"라고 묻는데, 우리 중에는 아는 사람이 없었다. 몹시 부끄러웠다. 그림 속 주인공은 바로 화학의 아버지 라부아지에였다. 그는 이 작품이 사실주의 그림으로 사진과 똑같은 화풍이라고 설명했다. 그다음으로 안내한 장소는 옛날 카메라가 전시된 곳이었다. 그는 왜 자신이 세상에 처음 나온 카메라를 보여 주는지 조금 후에 알게 될 거라고 말했다. 그런 다음 우리를 고흐의 〈삼나무가 있는 밀밭〉 앞으로 데려갔다. 그리고 카메라의 발명으로 사진과 똑같이 그리는 그림은 더 이상 가치가 없게 되어 사물과 풍경에서 받은 인상을 표현하는 화가가 나타났으며, 그것이 바로 인상주의라는 이야기를 들려주었다. 나는 감탄했다. '아! 이렇게 설명해야 하는구나!' 하는 생각이 절로 들었다.

자원봉사 제도에 대한 이야기도 인상 깊었다. 그는 금전적 대가로 자원봉사 정신이 훼손되어서는 안 된다고 강조했다. 자원봉사자들은 교통비부터 모든 것을 자비로 부담한다. 연말 파티 때 고맙다는 인사를 듣는 게 전부인데도, 큰 보람과 가치를 느끼는

빈센트 반 고흐, 〈삼나무가 있는 밀밭〉, 1889

자원봉사자가 메트로폴리탄미술관에만 2,000명이라고 했다.

　전시물 하나만으로 과학의 중요성과 가치를 느끼기는 힘들다. 그 만남에서 맥락을 확실하게 짚어 주는 해설 기법이야말로 과학 관에 꼭 필요한 것임을 깨달았다. 지금도 나는 지식만 늘어놓고 주입시키는 것보다는 과학의 맥락을 이해할 수 있는 전시가 중요 함을 강조한다.

교양과 경제력을 한꺼번에 뽐내는 법

인상주의 화가들의 그림이 그토록 아름다운 이유는 무엇일까? 그들은 미술에 극적인 혁명을 일으켰다. 그들은 세부 묘사보다 전체적 효과에 초점을 맞췄다. 그러기 위해 심혈을 기울여 빛과 반사를 관찰했고, 가장 즉각적이며 직접적으로 눈에 보이는 것만 그렸다. 시각과 광학, 색채학 등 인간이 본다는 것에 관해 과학적으로 설명한 이론들을 열심히 공부했다. 그래서 그들의 그림은 가까이서 볼 땐 덕지덕지 칠해진 물감 자국일 뿐이지만 한 발자국 뒤로 물러서면 생동감 넘치는 그림이 된다. 과학은 이렇게 새로운 아름다움을 탄생시켰다.

하지만 1800년대 인상주의 그림이 처음 나왔을 때는 모두가 거북해

빈센트 반 고흐, 〈별이 빛나는 밤〉, 1889

했다. 당시 파리 사람들은 매번 다르게 보이는 색이 아니라 이미 알고 있는 대로 그려진 보수적인 색감에 익숙했으므로 그들 눈앞에 있는 인상주의 그림들에 당황했다. 평론가들은 '전위적', '실험적'이란 수식어로 인상주의 그림을 평가했다. 대중은 그림에서 불편함과 어색함을 느꼈고, 기존 미술의 전통을 거부하는 위험한 시도로 받아들였다. 소설가 에밀 졸라는 인상주의 그림을 보고 받은 충격을 1886년 자신의 소설인 「작품」에서 이렇게 썼다.

> "전에 없는 빛의 연출 방식에 관람객들은 마치 자신이 모욕받는 것처럼 느꼈다. 나이 든 사람들은 들고 있던 지팡이를 휘둘렀다. 과연 예술이 이렇게까지 성을 돋우는 것이 타당한가."

당시의 반응을 보면 고흐의 그림이 그가 살아 있는 동안에 한 점도 안 팔렸다는 얘기를 이해할 만하다. 그러나 지금 인상주의 그림은 전 세계인이 좋아하는 그림으로 손꼽는 작품 중 하나가 되었다. 재미있는 것은 인상주의를 받아들이는 시기가 각 나라마다 달랐다는 것이다. 1890년대에는 프랑스와 미국에서, 1910년대에는 독일과 스위스에서, 그리고 1920년대에 와서야 영국에서 인상주의를 받아들였다. 미국에서 인상주의가 가장 빨리 받아들여진 것은 프랑스 문화를 동경한 신생 국가 국민들의 성향 때문이었다. 이에 반해 보수적 성향의 독일 지배층은 문화적 라이벌인 프랑스의 새로운 움직임에 적의를 드러냈고, 황제까지 나서서 남성적 혹은

세계인이 좋아하는 작품 베스트 10

순위	화가	작품	제작 연도
1	반 고흐	별이 빛나는 밤	1889
2	보티첼리	비너스의 탄생	1483~1485
3	렘브란트	창문 앞의 자화상, 판화	1648
4	반 고흐	침실	1888
5	마네	온실에서	1878~1879
6	브뤼헐	추수하는 사람들	1565
7	반 고흐	해바라기	1889
8	홀바인	대사들	1533
9	반 고흐	아를 인근의 꽃밭	1888
10	뵈클린	죽은자의 섬	1883

자료 : 구글아트프로젝트(2011년 2월~2013년 7월)

독일적이지 않은 모든 형태의 예술을 엄격히 금하는 정책을 펼쳤다. 오랫동안 프랑스와 전쟁을 치렀던 영국 역시 인상주의에 매우 비판적이었다. 1868년 리즈에서 개최된 국제 예술 전시회를 보도한 〈런던 아트 저널〉은 출품작 중 프랑스 풍경화가 단 한 점도 팔리지 않았다는 사실을 통쾌하다는 듯이 전했다.

하지만 제2차 세계대전이 끝나고 1950년대 들어 세계가 안정을 찾으면서 부가 증대하자 사람들은 개인의 기쁨을 중요시하기 시작했다. 인상주의 그림이 대중에게 파고들기 시작한 것은 시대의 변화 덕분이라 할 수

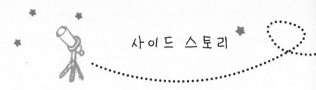
있다. 대중과 화가에게 막강한 영향을 미치는 '사업가 딜러'가 등장한 것
이다. 그 후 인상주의 그림의 가격은 급등세를 탔다. 오늘날 인상주의 그
림을 두고 '부자들의 노리개'가 됐다고 한탄하는 사람도 있다. 신흥 부자
들은 부를 과시하는 데 모네나 고흐의 그림을 벽에 걸어 놓는 것보다 더
좋은 방법은 없다고 생각한다. 인상주의 그림을 소장하고 있다는 사실 자
체가 미적 취향과 경제적 힘을 동시에 증명하기 때문이다.

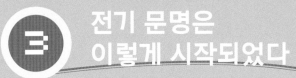

전기 문명은 이렇게 시작되었다

: 융합이 창조하는 새로운 가치

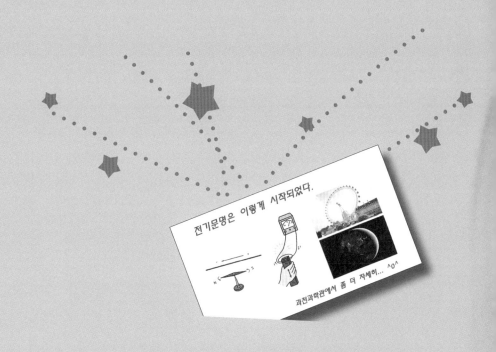

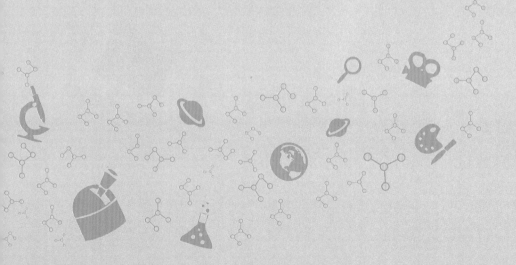

　전기는 현대인에게 공기와도 같은 존재지만 우리는 평소에 그 고마움을 깨닫지 못한다. 전기 문명은 기초과학(Science), 응용 기술(Technology), 실용 공학(Engineering), 디자인 예술(Art), 검증 수학(Mathematics), 이른바 'STEAM' 덕분에 우리 생활 속으로 깊숙이 들어올 수 있었다. 전기 문명의 놀라운 역사를 함께 만나 보자. ♦

보이지 않는 것을 보는 사람이 있다

1820년, 덴마크 과학자 외르스테드(1777~1851)는 전깃줄(도선)에 전기를 흘려보냈더니 그 옆에 있던 나침반의 바늘이 움직이는 것을 발견했다. 그 이전까지만 해도 사람들은 전기와 자기가 관련 있다는 사실을 알지 못했다. 외르스테드는 새롭게 발견한 이 현상을 영국 왕립연구소의 험프리 데이비(1788~1829) 소장과 직원들에게 보여 주었다. 그 직원들 가운데 마이클 패러데이(1791~1876)가 있었다.

세계적으로 탁월한 연구 업적을 만들어 가는 데 선두를 달리던 영국 왕립연구소였지만 이 현상에는 별로 관심을 보이지 않았다. 그러나 패러데이의 창의성은 이를 놓치지 않았다. '도선에 전기가 흘러 나침반 바늘이 움직였다면, 그 반대로 나침반 바늘을

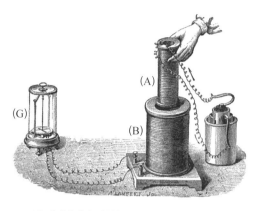

움직여도 도선에 전기가 생기지 않을까?'라는 호기심이 생긴 것이다. 그 후 패러데이는 그 가능성을 확인하고자 10년에 가까운 세월 동안 1만 번이 넘는 실험을 했고 결국은 전기와 자기가 서로 영향을 주고받는다는 사실을

1831년 패러데이의 실험을 증명하는 그림. 액체 배터리의 전류가 (A)의 작은 코일을 통해 바깥 쪽의 (B)로 전달되면 (G)의 검류계에 순간적으로 전압이 흐르는 모습을 볼 수 있다.

밝혀낸다. 이것이 바로 '전자기유도 법칙'이다.

패러데이가 도넛 모양의 코일 뭉치 가운데로 막대자석을 넣어 빙글빙글 돌려 보니 전기가 생겼다. 이것이 발전기의 원리다. 반대로 코일 뭉치 쪽으로 전기를 흘려보내니 막대자석이 돌아갔다. 이것이 바로 전동기(모터)의 원리다. 패러데이는 이 실험을 토대로 영국 왕립연구소에서 크리스마스 강연을 했다.

크리스마스 저녁, 고관대작들의 가족이 마차를 타고 와서 강연을 들었다. 대영제국을 건설한 빅토리아 여왕(1819~1901)의 남편 앨버트 공까지 자녀들을 데리고 참석했다고 하니, 과학에 깊은 관심을 보이던 당시 영국 상류사회의 분위기를 짐작할 수 있다. 패

1856년 왕립연구소의 '크리스마스 강연회'에서 강연 중인 패러데이.

러데이가 전자기유도 현상을 보여 주자 어떤 귀족이 질문을 했다.

"재미는 있어 보이지만 그렇게 위험한 것을 어느 누가 가지고 놀겠소?"

그러자 패러데이가 대답했다.

"만일 귀족께서 며칠 전 손자를 보셨다면, 그 손자는 어떤 쓰임을 위해서 낳으신 겁니까? 저는 단지 한 가지 자연현상을 발견해 여러분께 보여 드린 것입니다. 무엇에 쓰일지 현재로서는 모릅니다."

현대인의 생활은 전적으로 에너지에 의존하고 있다. 그 에너지의 대부분이 전기 에너지다. 그렇다면 전기는 어디에서 올까? 발전소에서 온다. 패러데이의 발견은 발전소를 세우고 발전기, 전동기를 만들어 오늘날의 전기 · 전자 문명을 탄생시키는 시발점이 되었다. 기초과학의 연구 과정에 관심을 갖는 사람들은 많지 않다. 그 결과가 세상에 막 나왔을 때 사람들의 관심을 받는 일도

다락방의 초상화

아인슈타인은 1919년 상대성이론이 입증되어 그의 인기가 하늘을 찌르고 있을 때 베를린에 살고 있었다. 그때 그는 자기 집 다락방에 틀어박혀 연구를 했다. 그 다락방의 창문 옆 벽에는 네 사람의 초상화가 있었다고 한다. 독일 염세주의 철학자 쇼펜하우어와 세 명의 영국 과학자 뉴턴, 패러데이, 맥스웰이 그 주인공이다. 아인슈타인의 연구가 이들이 발전시켜 놓은 결과를 토대로 이루어졌음을 알 수 있다. 그 정도로 패러데이와 맥스웰의 업적은 대단한 것이었다.

쇼펜하우어	뉴턴	패러데이	맥스웰
(1788~1860)	(1642~1727)	(1791~1876)	(1831~1879)

드물다. 그러나 페러데이의 발견은 기초과학의 작은 발견 하나가 사회에 엄청난 파급효과를 가져올 수 있음을 잘 보여 준다.

패러데이는 열두 살 때부터 일을 해야만 했기 때문에 학교교육을 많이 받지 못했다. 그는 실험과 관찰을 통해 전자기유도 현상을 밝혀냈지만 왜 이러한 현상이 발생하는지, 그리고 이것이 변하지 않는 진리인지 확신할 수가 없었다. 그러던 중 스코틀랜드의 물리학자 맥스웰(1831~1879)이 이를 수학 방정식으로 풀어내 검증했다. 전자기학의 모든 법칙을 네 가지 맥스웰 방정식으로 통합해 정리했고, 그것으로부터 전자기파 파동 방정식을 유도해 전자기파의 속도는 빛의 속도와 같다는 사실도 밝혀냈다.

패러데이는 전자기유도 현상 말고도 충전된 전자가 도체의 표면에만 존재한다는 새장 현상, 물의 전기분해, 양초 한 자루의 화학, 자기광학 현상 등 수많은 실험 결과를 『전기학의 실험적 연구』라는 책으로 발간했다. 나중에 발명왕 에디슨이 가장 감명 깊게 읽은 책으로 이 책을 꼽았는데, 수학 방정식이 한 번도 안 나오기 때문이라고 했다는 일화가 있다. 에디슨 역시 패러데이처럼 학교교육을 받지 못했기 때문에 이런 답변을 하지 않았을까 한다. 한편으로는 꼭 수학적 배경지식이 없더라도 연구에 대한 열정으로 끊임없이 실험하고 세밀하게 관찰, 기록하는 것만으로도 세상을 바꿀 만한 성과를 낼 수 있다는 것을 보여 주는 이야기이기도 하다.

그러나 여전히 우리에게 전기란 가까우면서도 먼 개념이다. 외르스테드가 실험했을 당시는 발전소가 만들어지기 전인데 어떻게 전깃줄에 전기를 흘려보냈을까? 그때 사용했던 전기는 볼타전지에서 나왔다. 지금 우리가 쓰는 건전지는 볼타전지가 진화한 형태다. 우리에게 전기란 발전소에서 오거나 건전지에 들어 있는 어떤 것이다. 그럼 전기는 과학자들이 발명한 것일까? 아니다. 전기는 우주에, 자연 속에 처음부터 존재하던 것이다. 과학자들은 눈에 보이지 않는 전기를 우리 눈에 보이게 해 준 사람들이다. 우리에게 새로운 세상을 열어 주었다고 해도 과언이 아닐 것이다.

전기의 비밀스러운 역사

♦

인류는 전기를 어떻게 발견했을까? 인류가 최초로 발견한 전기는 물체를 문질러서 생기는 마찰전기였다. 마찰전기는 생긴 곳에 그대로 멈춰 있다고 해서 정전기라고도 부른다. 18세기와 19세기 들어 과학자들은 전기에 큰 관심을 가졌다. 취미로 전기를 연구하는 아마추어 과학자들도 많이 생겼다. 이때 과학자들은 좀 더 강력한 전기를 만들 수 있는 방법이나 전기를 모아 둘 수 있는 방법을 고민했다.

　미국의 벤자민 프랭클린(1706~1790)은 가끔 전기가 불꽃과 함께 지지직거리는 소리를 내는 것을 보고 비오는 날 열쇠를 매단 연을 띄워 날려 보냈다. 번개가 치자 연줄 끝의 열쇠에서 불꽃이 일었고, 번개 역시 전기현상임을 알게 되었다.

'전기'라는 말은 호박에서 나왔다

2500년 전, 그리스의 탈레스(BC 624~BC 545)는 나무의 진이 땅속에 묻혀 굳어진 누런 광물이자 보석인 호박에서 신기한 성질을 발견했다. 바로 호박의 표면을 문지르면 지푸라기나 실오라기가 호박에 달라붙는 현상이었다. 전기현상을 인류 최초로 관찰한 것이다. 그 후 17세기 영국의 과학자 윌리엄 길버트(1540~1603)는 호박과 마찬가지로 마찰하면 다른 물체를 끌어들이는 물체가 있다는 것을 알아냈다. 그는 호박이란 이름을 따서 이런 물체들을 일렉트릭(electric)이라고 불렀고, 이 이상한 현상에 일렉트릭시티(electricity), 즉 '전기'라는 이름을 붙였다. 호박의 그리스어가 일렉트론(elctron, 전자)이기 때문이다. 그 뒤로 과학자들은 전기를 잠시 모아 둘 수 있는 라이덴병을 발명했다. 유리병 속에 물을 넣은 뒤 끝에 쇠공이 달린 금속 막대기를 꽂고, 세게 문지른 쇠공에 손을 대면 찌릿찌릿하고 엄청난 전기가 흘렀다. 사람들은 이 유리병을 주로 귀부인을 놀려 주는 데 사용했다.

J. J. 톰슨(1856~1940)

1800년, 이탈리아의 물리학자 볼타 (1745~1827)는 구리와 아연을 납작하게 만들어 구리를 혓바닥 위에, 아연을 혓바닥 아래에 넣으면 혀에 찌르르하고 전기가 통하는 것을 발견했다. 그는 아연판과 구리판 사이에 소금물을 적신 천 조각을 넣고 그렇게 몇 겹을 연달아 붙여 세계 최초로 전지를 만들었다. 볼타가 발견한 전기는 도선을 연결하면 물처럼 한쪽에서 다른 한쪽으로 계속 흘러갔다.

그 후 100년이 지나서야 인류는 비로소 전기의 비밀을 풀게 되었다. 1897년, 톰슨(1856~1940)은 금속에서 튀어나오는 음전하를 띤 미립자인 전자를 발견했다. 전기는 바로 이 전자가 흘러가는 것임을 밝혀낸 것이다. 이 흐름이 다름 아닌 '전류'다.

정전기는 물체를 문지를 때 전자들이 떨어져 나와 다른 원자에 옮겨 붙는 과정에서 전자가 더 많아진 쪽과 적어진 쪽이 다시 균형을 맞추느라고 서로 달라붙는 현상이다. 금속의 경우 전자가 자유롭게 돌아다니는 자유전자이기 때문에 전기가 잘 흐른다. 금속처럼 전기가 잘 흐르는 물체를 도체, 유리나 고무처럼 전자들이 핵에 단단히 묶여 전기가 흐르지 않는 물체를 부도체, 전기가 통

원자, 전자, 원자핵의 발견

고대 그리스의 데모크리토스(BC 406년경~BC 370년경)는 물질을 끝없이 쪼개면 더 이상 쪼개지지 않는 맨 마지막 알갱이가 있다고 봤으며 이를 '원자'라고 불렀다. 19세기에 돌턴(1766~1844)은 모든 물질은 더 이상 쪼갤 수 없는 원자로 이루어져 있으며, 화학변화가 일어날 때 원자들이 새로 생기거나 소멸되지 않는다는 근대 원자설을 정립했다. 그 후 과학자들은 우라늄 원소에서 방사선이 나온다는 것을 발견했다. 원자에서 무언가 나온다는 것은 더 작은 알갱이로 쪼개질 수 있다는 것을 뜻했다. 그 뒤 계속된 연구로 원자가 더 작은 입자인 양성자, 중성자 등으로 이루어진 원자핵과 전자로 나눠진다는 것이 알려졌다.

전자를 발견한 톰슨은 원자는 건포도가 박힌 빵처럼 양전하를 띤 공 안에 전자가 박혀 있는 형태라고 생각했고, 러더퍼드(1871~1937)는 원자의 대부분은 텅 비었는데 양전하를 띤 원자핵이 원자의 중심에 존재하고 그 가장자리를 전자가 돌고 있다고 봤다. 그 뒤 보어(1885~1962)는 전자가 원자핵을 중심으로 마치 태양계의 행성처럼 일정한 궤도로 돌고 있다고 설명했다. 현재는 원자핵 둘레에 전자가 구름처럼 퍼져 있다고 보며, 전자는 매우 빠르게 옮겨 다니므로 확률로 나타내야 한다고 설명한다.

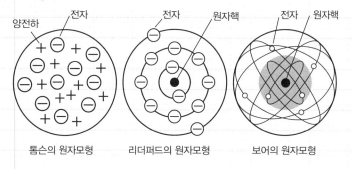

톰슨의 원자모형　　　　리더퍼드의 원자모형　　　　보어의 원자모형

했다 안 통했다 하는 실리콘과 같은 물체를 반도체라고 부른다.

전기공학의 시대에서 전자공학의 시대로

♦

톰슨의 발견은 양자물리학의 태동을 알리는 업적이었다. 오늘
날 전기 · 전자 · 정보 · 통신의 문명 시대를 연 것이다. 1919년 톰
슨의 제자 러더퍼드(1871~1937)는 양성자를 발견했고, 1932년 러
더퍼드의 제자 채드윅(1891~1974)은 중성자를 발견했다. 이렇게
해서 원자의 구성 요소들이 세상에 드러났고, 이 세 사람 모두 노
벨상을 받았다.

전기가 전자의 흐름임을 알게 되자 2극 진공관이 탄생했다.
이 진공관에 전류가 흐르면 1이고, 흐르지 않으면 0이다. 이 0과 1

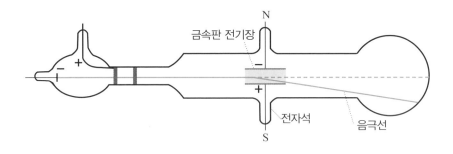

음극선(파란색)이 전기장(노란색)에서 휘는 것을 확인한 톰슨의 실험 장치.

여러 가지 진공관.

로 2진법을 구현하여 컴퓨터가 만들어졌다. 전자 정보 통신 혁명은 19세기 중반 개량된 진공펌프 덕분인지도 모른다는 말이 있다. 1850년대 말 독일의 하인리히 가이슬러(1814~1879)는 수은으로 펌프와 유리 용기의 연결 부위를 밀폐시키고, 수은의 압력으로 공기를 밀어내 매우 강력한 진공 상태가 만들어지는 유리 진공관을 만들었다. 그보다 앞서 진공 상태에서 전기가 어떻게 움직이는지 알고자 했던 패러데이는 유리병 입구를 코르크 마개로 막고, 내부 압력을 낮게 유지하기 위해 자전거펌프 같은 것을 연결해서 계속 펌프질을 하며 실험해야 했다. 패러데이가 그렇게 고생했던 것을 생각하면 가이슬러의 기술은 엄청난 진보다. 이 기술 덕에 전자(음극선), X선, 방사선을 발견했고 컴퓨터, 라디오, 텔레비전 등을 만들 수 있었다.

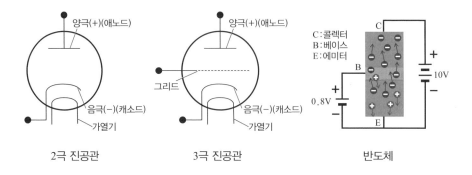

2극 진공관   3극 진공관   반도체

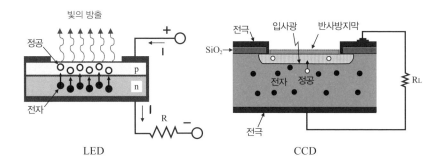

LED   CCD

    진공관 속에는 필라멘트와 (+)극과 (−)극을 가진 2개의 금속

판 전극이 들어 있다. 필라멘트가 가열되면 전자가 진공관 속에

방출되어 전류가 흐르게 된다. 1907년에는 2극 진공관에 또 다른

전극(그리드 전극)을 삽입해 전자의 흐름을 제어하는 3극 진공관

이 발명되었다.

    미국 통신 회사 AT&T 소속 벨 연구소에서는 1915년 샌프란

시스코에서 열리는 세계 만국박람회 때 뉴욕에서 샌프란시스코

까지 장거리 전화를 개통시키겠다고 약속부터 해 놓고는 해결책을 찾느라 고민하고 있었다. 문제는 그때 당시 전화기 사이의 거리가 멀면 음성신호가 약해져서 일정 지역에서만 통화가 가능했다는 사실이다. 고민을 거듭하던 벨 연구소에서는 신호가 소멸될 만한 거리에 다다를 무렵 3극 진공관으로 신호를 증폭시키는 방법으로 장거리 통화를 성공시켰다. 미국 동부 뉴욕에서 서부 샌프란시스코까지 증폭기를 13만 개나 설치해 장거리 통신을 가능하게 했던 것이다.

그러나 집채만 한 진공관 컴퓨터나 13만 개의 증폭기로 장거리 통신을 해결하는 시스템은 장비의 운영이나 유지, 보수 등에 있어서 여간 큰 문제가 아니었다. 이 문제를 해결한 것이 바로 반도체다. 2극 진공관, 3극 진공관과 똑같은 기능을 천분의 일, 만분의 일 크기밖에 안되는 반도체가 대신했으니 가히 혁명적이라 할 수 있다.

그 후로 반도체는 기능은 더욱 좋아지고 크기는 더 작아지는 쪽으로 발전을 거듭했고, 급기야는 빛의 신호를 전기신호로 바꾸어 주는 CCD(전하결합소자)까지 개발되어 우리는 스마트폰에서 필름 없이도 사진을 찍고 전송하거나 받을 수 있게 되었다.

최근 들어 'STEAM 교육'이 대세다. STEAM은 과학(Science), 기술(Technology), 공학(Engineering), 예술(Arts) 그리고 수학(Mathematics)의 각 첫 글자를 딴 것으로, 창의적인 융합 인재 양성을 위해 과학, 기술, 공학 및 예술과 수학이 융합된 형태의 교육이 이루어져야 한다는 것이다. 융합 교육은 이미 선진국을 비롯한 많은 국가에서 과학 교육의 핵심 테마다.

우리가 지금까지 살펴본 이야기들은 STEAM의 개념을 이해하기에 아주 좋은 사례가 될 수 있다. 전자기유도 현상은 기초과학(Basic Science)이다. 발전기나 전동기를 만들어 낸 것은 응용기술(Applied Technology)이다. 그것을 인류 생활에 이용 가능하게끔 발전소를 건설하고 전구, 스위치, 소켓 등을 만드는 것은 실용 공학(Engineering)이다. 이때 사용자인 사람에게 친근하게 느껴지도록 만들어야 하니 디자인 예술(Art)이 들어가야 한다. 전자기유도 현상을 맥스웰이 방정식으로 풀어서 증명했으니 이것이 바로 증명 수학(Mathematics)이다. 어떤 제품 하나를 만들 때도 무게와 내구성, 효율 등의 최적 값을 정하기 위해서는 시시 때때로 수학이 필요함을 쉽게 알 수 있을 것이다.

STEAM을 '융합'에만 초점을 맞춰 이해하는 사람들이 많은

데, 그보다는 '맥락'에 무게를 두어야 한다고 생각한다. 맥락을 이해하는 방식으로 공부하고, 그렇게 전시물도 만들어야 과학의 참맛을 느끼고 알 수 있다. 우리가 공기처럼 쓰면서도 평소에는 그 고마움을 잊은 채 사용하는 전기 역시 전자기유도→ 발전기 · 모터→ 발전소 건설→ 진공관 → 반도체 → 스마트폰으로 과학의 역사와 맥락을 함께하며 발전되어 왔다.

세상에 어떤 존재든 인과관계 없이 하늘에서 뚝 떨어지는 것이 없듯이, 과학의 발전도 마찬가지다. 모두 씨앗을 뿌렸기 때문에 뿌리를 내리고 싹이 트고 줄기를 이루며 잎이 생기고 열매를 맺었다. 과학 역시 이 각각의 단계를 밟아 발전한다. 줄기의 단면만 가지고, 아니면 열매만 가지고 과학을 공부하라고 하는 것은 고기 잡는 방법은 가르쳐 주지 않고 고기만 던져 주는 것과 같다. 뿌리에서 수분과 영양분을 빨아들여 줄기와 잎을 지나 열매로 이어지는 과정과 원리를 이해해야 새로운 응용도 하고 창조도 할수 있다.

창의성이 요구된다고 해서 무턱대고 새롭게 할 수는 없는 일이다. 우리가 살아갈 미래는 예측하기가 쉽지 않지만, 지난 세월 동안 과학기술이 어떤 경로로 어떻게 발전되어 왔는지를 이해하고, 그것을 기반으로 연구를 계속한다면 미래에 적합한 과학기술을 개발할 수 있을 것이다. 그런 의미에서 '맥락'을 통해 STEAM

을 이해하는 것이 중요하다는 것을 다시 한 번 강조하고 싶다.

　지금과 같은 강의 위주의 암기식 교육 방법이 창의성을 발휘하는 데 별 도움이 되지 않는다는 사실을 모르는 사람이 있을까? 학교교육이 입시와 취업에만 초점을 맞추고 있는 것이 어쩌면 가장 큰 문제일 것이다. 학생은 무엇을 모르는지, 무엇을 공부해야 하는지 스스로 고민하며 답을 찾아가야 한다. 선생님은 끊임없이 질문을 던져 학생들이 틀리더라도 자기 힘으로 생각하고 답을 구해 볼 수 있도록 해야 한다. 그래야 지식과 원리를 꿰어서 진주목걸이 같은 창조물을 내놓는 교육이 가능할 것이다.

우리나라 전기 문명은 '건달불'에서 시작되었다

1948년 5월 14일, 북한은 남한 쪽으로 보내는 전기 공급을 일방적으로 끊었다. 일제강점기에 대부분의 공장 지대가 지하자원이 많은 함경도 등에 조성되면서 전기 생산 시설도 북한에 집중되었다. 그런데 남과 북에 각각 이념이 다른 독립 정부를 수립하기 직전, 북한은 전기 요금을 안 냈다는 말도 안 되는 이유로 전기 공급을 중단했다. 전기를 북한에 의지하던 남한은 전력 부족으로 큰 혼란을 겪을 수밖에 없었다.

해방 직후까지 한반도에서의 전력 생산은 북한이 월등히 많았다. 8·15 광복 당시 전체 전력 생산량 172만kw 가운데 88.5%가 북쪽에 치우쳐 있었고, 압록강 수풍 수력 발전소는 동양 최대 규모로 유명했다. 그러나 지금은 우주에서 밤에 찍은 한반도를 보면 북한은 바다처럼 보일 정도로 남북한 간 전력 이용 격차가 심각한 상태에 이르고 있다. 북한이 전기를 끊었던 날로부터 57년이 지난 2005년, 남한의 전기가 북한의 개성공단으로 보내지면서 남북한 전기 발전의 역사는 새로 쓰였다.

그렇다면 우리나라에는 언제 전기 문명이 들어왔을까? 조선 말기 쇄국정책으로 서양의 발전된 문물이 한반도로 들어오기까지 오랜 시간이 걸렸지만, 전기 문명만큼은 달랐다. 에디슨이 백열전구를 발명한 것은 1879년의 일이다. 그로부터 8년 후인 1887년, 우리나라 경복궁에도 전깃불이 켜졌다. 1876년 2월 27일 일본과 강화도 조약으로 나라의 문을 열고, 1883년 미국과 통상협정을 맺으면서 미국에 사절단으로 갔던 민영익 (1860~1914)이 고종(1852~1919)에게 발전소 건설을 건의한다. 당시는 임

경복궁 내 건청궁에 우리나라 최초로 밝혀진 전깃불의 점등식을 시현한 그림.

오군란(1882), 갑신정변(1884) 등 궁궐 주위에서 끔찍한 사건이 자주 일어나던 때였으니 어두움에 대한 두려움이 더했을 것이고, 밤을 밝히는 일에 매우 적극적이지 않았을까 추측해 본다. 1886년 말에 에디슨 전기 회사의 기사 윌리엄 멕케이가 조선에 파견되어 건청궁 앞 향원정 근처에 발전기를 설치했고, 1887년 첫 전등에 환한 불이 켜졌다.

　들도 보도 못한 전깃불이다 보니 사람들은 '유령불'이라 부르며 숨어서 바라보는 등 별 해괴한 일도 많이 벌어졌다. 게다가 전등은 화려한 겉모습과 달리 자주 켜졌다 꺼지기를 반복했고, 한 번 고장 나면 수리하는데 비용이 많이 들어가 '건달불'이라는 이름까지 얻었다. 덕수궁 전깃불은 발전기 돌아가는 소리가 얼마나 덜덜거리고 컸는지 '덜덜불'이라고 불렸고, 정동 골목은 '덜덜 골목'이라는 별명으로 불렸다고 한다.

서울과 주요 도시에 전기가 들어오고 나서도 당시 사람들은 전깃불을 오랑캐의 것으로 인식해 전등불 아래서는 제사를 지내지 않기도 했고, 발전기에서 흘러나오는 뜨거운 물로 인해 향원정 물고기들이 떼죽음을 당하자 나라가 망할 징조라고 흉흉한 소문이 떠돌기도 했다.

1899년 5월 4일에는 서울에 등장한 전차는 장안에 제일가는 명물로 떠올랐다. 그런데 일반인들을 대상으로 영업을 개시한 지 6일 만에 사고가 일어났다. 예닐곱 먹은 사내아이가 철로 위에서 놀다가 전차에 치어 목숨을 잃은 것이다. 아이 아버지는 도끼를 들고 달려가 객차를 찍어 댔다. 주변에 있던 사람들도 합세해 다른 객차를 불태워 버리기까지 했다. 그 와중에 누군가는 "요즘 날이 가문 것은 전차 때문"이라고 소리쳤다고 한다.

1926년 대중 잡지 〈별건곤〉 2호의 '서울 쥐 시골 쥐'를 보면 "전화, 자동차, 인력거, 자전거, 어디 다니려면 발에 흙 한 점 안 무치고요, 전신, 전화, 전등 등 앉아서 100리 밖과 말하고 밤이 낮보다 밝소. 그런저런 기름불 등잔은 보고 죽으려야 없소."라는 내용이 실려 있다. 전기가 경제 발전의 원동력이 되고 발전소를 수출하는 등 세계적인 전기 강국이 된 지금 돌아보면 아련한 옛 이야기들이다.

4 유전공학의 탄생

: 과학과 기술의 흥미진진한 결합

신약 개발이 유망하다고 하지만 오랜 시간, 많은 비용, 실패에 대한 위험성 때문에 기업들이 개발에 뛰어들기를 주저하는 경향이 있다. 그러나 신약 개발은 한 회사의 운명뿐 아니라 인류의 역사를 바꾸는 일이기도 하다. 당뇨병 치료제인 인슐린을 만들어 낸 과정을 통해 과학과 기술의 흥미진진한 결합 그리고 유전자와 유전공학에 얽힌 비밀스런 이야기를 만나 보자. ✦

바이오테크놀로지의 꿈이 현실로

유전공학이란 말을 만들어 낸 제넨텍(Genentech)이라는 회사가 있다. 박테리아에서 당뇨병 치료제를 만들어 내는 기술로 큰돈을 번 미국 회사다. 이 회사의 이름은 유전공학 기술(Genetic Engineering Technology)의 앞 글자를 따서 만든 것이다. 이 회사는 다음과 같이 탄생했다.

1972년 11월, 하와이 호놀룰루에서 생물학 학회가 열렸다. 이 자리에서 플라스미드를 연구하고 있던 스탠퍼드대학교의 스탠리 코언(1935~) 교수와 제한효소를 연구하고 있던 샌프란시스코대학교의 허버트 보이어(1936~) 교수가 만났다. 플라스미드는 세균의 세포 속에서 염색체와는 별개로 존재하면서 독자적으로 증식할 수 있는 DNA로, 목걸이나 고무 밴드처럼 생긴 작은 고리 모양

의 원형 DNA를 말한다. 제한효소란 1960년대 말 여러 분자생물
학자들이 발견한 일종의 유전자 가위로, DNA를 자르는 역할을
하는 효소다.

두 사람이 와이키키 해변의 한 식당에서 이야기를 나누던 도
중, 코언 교수는 플라스미드를 제한효소로 자른 뒤 여기에 원하는
유전자를 붙여 넣으면 재미있을 것 같다는 생각을 하게 되었다.
만약 새로운 유전자를 끼워 넣은 플라스미드를 박테리아 세포 안
에 넣어 준다면 플라스미드가 복제되면서 그 유전자도 복제될 것
이라는 가설을 세운 것이다. 코언 교수가 공동 연구를 제안했고,

유전자를 가위로 자르고 풀로 붙인다고?

사람의 몸속에서는 수많은 생화학 반응이 일어난다. 소화작용을 돕는
소화효소처럼 우리 몸 안에는 여러 가지 화학반응을 돕는 효소가 존재
한다. 효소들 가운데 DNA를 가위처럼 자르는 효소를 제한효소, 풀처
럼 붙이는 데 관여하는 효소를 연결효소라고 한다. 유전자재조합을 위
해서는 먼저 제한효소로 원하는 유전자를 잘라야 한다. 유전자를 실어
나르는 운반체 역할을 하는 플라스미드도 자른다. 그다음 원하는 유전
자를 플라스미드에 끼워 넣어 연결효소로 붙인다. 이렇게 새로운 유전
자를 갖게 된 플라스미드를 대장균 등 박테리아 세포 속에 집어넣어 배
양한다. 대장균은 평균 30분에 한 번씩 분열하기 때문에 하룻밤만 지
나도 몇백만 개로 증식한다. 대장균이 증식하면서 원하는 유전자도 복
제된다. 이 과정을 '클로닝'이라고 부른다.

둘은 냅킨에 자신들의 생각을 적으며 새로운 기술의 탄생을 예감했다. 1973년 여름, 보이어는 제한효소로 두 가지 박테리아의 DNA를 붙이는 데 성공해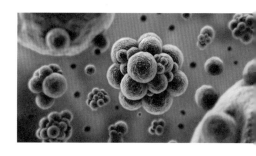

서로 다른 종의 DNA를 결합시킬 수 있음을 보여 주었다. '유전자재조합기술'이 탄생한 것이다.

이 소식을 접한 스물아홉 살의 젊은 벤처 사업가 로버트 스완슨(1947~)이 연구에 불을 붙였다. 유전자재조합기술이 가진 상업적 폭발력을 감지한 스완슨이 1975년 두 사람을 찾아가 이 기술로 회사를 차리자고 제안한 것이다. 당시 대부분의 사람들은 유전자재조합기술이 산업화되려면 적어도 10년은 넘게 걸릴 것이라고 생각했다. 그러나 스완슨은 10만 달러의 투자금을 확보해 열정적으로 두 사람을 설득했다. 그 결과 1976년 4월 최초의 유전공학 회사인 제넨텍이 탄생했다.

제넨텍의 첫 번째 목표는 유전자재조합기술로 당뇨병 치료제인 인슐린을 생산하는 것이었다. 인슐린은 인간의 췌장에서 생산되는 호르몬으로, 그때까지는 돼지나 소 등 가축의 인슐린을 치료제로 사용하고 있었다. 하지만 가축의 인슐린은 사람에게 알레르기를 일으키는 등 부작용이 만만치 않았다. 만약 플라스미드를 제한효소로 자르고 그 자리에 사람의 인슐린을 만드는 유전자를 붙여 넣어 박테리아 속에 주입할 수 있다면, 인간의 인슐린을 마치 공장에서 만드는 것처럼 무한정 만들어 낼 수 있다. 당시 당뇨병 환자는 미국에만 800만 명이 넘었다. 인슐린의 상업적 가치는 무궁무진했다.

그런데 이 기술의 중요성과 가치를 이들만 알아본 것은 아니었다. 하버드대학교의 월터 길버트(1932~) 교수를 중심으로 또 다른 유전공학 회사인 바이오젠이 설립되었고, 제넨텍과 경쟁을 시작했다. 기술 성공의 관건은 인슐린 유전자를 얻는 일이었다. 바이오젠은 인간의 췌장 세포에서 추출한 DNA를 사용하는 방법을 택했고, 제넨텍은 합성 DNA를 사용하는 방법을 택했다. 인슐린 생산 유전자를 인공적으로 만들어 내기로 한 것이다.

검증된 바 없는 새로운 기술로 연구를 진행하는 것은 쉽지 않은 일이었다. 연구와 실험을 거듭하던 중, 제넨텍에서는 DNA 조각을 화학적으로 합성하는 분야의 전문가인 시티 오브 호프 병원의 아서 리그스(1939~) 박사를 찾아낸다. 리그스는 인슐린 생산 유전자가 너무 길고 복잡해 여러 연구 단계를 거쳐야 하는 일이니 몇 년의 시간을 달라고 했다. 그러나 스완슨은 펄쩍 뛰면서 최대한 빨리 끝내 줄 것을 강력히 요구했다.

그때까지만 해도 인간의 DNA를 취급하는 것은 엄청나게 위

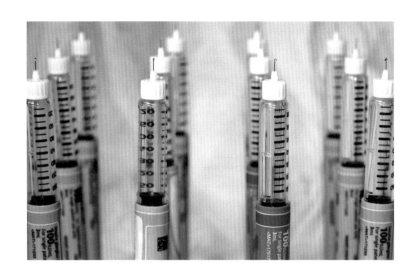

험한 일로 받아들여졌다. 강력한 규제가 뒤따랐고, 생물학적 무기 개발이나 치명적인 바이러스를 연구하는 최고 수준의 안전 장비를 갖춘 실험실에서만 인간의 DNA를 실험할 수 있었다. 바이오젠은 영국군과 협의해 영국군 생물학 연구소를 사용하게 되었다. 그러나 실험 결과가 적힌 종이까지 투명한 비닐에 넣어 포름알데히드로 소독해야만 연구실에 출입할 수 있는 등 까다로운 규제 때문에 결국 성공의 깃발을 제넨텍에 양보해야 했다. 물론 제넨텍 역시 여러 번의 의견 충돌과 위기를 겪어야 했지만, 이를 무사히 잘 넘기고 '최초의 인간 인슐린 개발'이라는 타이틀을 거머쥘 수 있었다.

이 기술은 1982년 10월 미국 식품의약품안전청(FDA)으

로부터 시판 허가를 받았다. 상표 이름은 '휴무린'(Humulin＝
Human+Insulin)이었다. 논문 발표 시점부터 새로운 개념의 신약이
시장에 나오기까지 걸린 시간은 딱 9년이었다.

바닷가 앞 동상이 들려주는 이야기

♦

젊은 벤처 사업가 스완슨이 콧대 높은 대학교수 보이어를 만
나기란 결코 쉽지 않았다. 처음에는 바쁘다는 핑계로 만나 주지
않던 보이어는 스완슨의 집요한 시도에 한 시간 정도, 그리고 맥
주 한 잔만 하겠다는 조건으로 휴게소 한 귀퉁이에서 만남을 허
락했다. 미국 샌프란시스코 근교 제넨텍 본사의 연구동 건물 앞
에는 바닷가를 내려다볼 수 있는 곳에 스완슨과 보이어의 동상이
세워져 있다.

동상이 표현한 두 사람의 앉은 자세만 봐도 누가 누군지 금방
알 수 있다. 왼쪽이 스완슨이고, 오른쪽이 보이어다. 비즈니스맨
답게 정장에 넥타이 차림의 스완슨은 상의는 등받이에 벗어 놓고,
의자의 3분의 1에만 엉덩이를 걸친 채 허리를 꼿꼿이 세우고 간
절하게 상대방을 설득하는 모습이다. 반면에 보이어 교수는 노타
이셔츠 차림에 팔소매는 걷어 올리고 상체는 뒤로 젖힌 채 턱을

괴고 있어 아쉬울 게 없어 보인다. 연구에 돌입하기 전 의구심을 보이던 보이어와 사업에 대한 열의로 가득 찬 스완슨의 목소리가 들리는 듯하다.

스완슨은 1947년 뉴욕에서 태어났다. 열 살 때 소련에서 스푸트니크 인공위성을 발사하는 것을 보고 과학기술에 흥미를 갖게 되어 MIT에 입학했지만 크게 두각을 나타내지는 못했다. 은행을 거쳐 금융 관련 벤처 회사를 다니다가 그만두고 유전자재조합기술을 이용해 제품을 만들어 보려고 하던 중 보이어 교수의 소식을 듣게 된 것이다. 스완슨의 설득에 두 사람의 대화는 예정했던 한 시간을 훌쩍 넘기면서 다섯 시간여 동안 이어졌고, 그 자리에서 회사 설립까지 합의했다. 이렇게 시작된 두 사람의 만남은 유전공학사에 길이 남을 기념비적인 사건이 되었다.

1980년 10월 14일 제넨텍이 나스닥에 상장되던 날, 주당 35달러짜리 주식이 89달러까지 오르다가 71달러에 마감됐다. 주식시장 역사상 최고의 주가 급상승이 기록된 것이다. 여러 차례 증자를 통해 92만 5,000주씩 보유하고 있던 보이어와 스완슨은 하루

만에 6,600만 달러(약750억 원)의 돈방석에 올라앉았다. 보이어는 생명과학자로서 자신의 연구 결과로 거부가 된 역사를 만들었다. 이 영향으로 1980~1983년 사이에만 미국에 20여 개의 유전공학 회사가 만들어졌고, 1985년이 되자 400여 개로 불어났으며 1990년대 중반에는 1,000여 개의 바이오테크놀로지 회사가 생겨났다. 경영난을 겪던 제넨텍은 2009년 스위스 글로벌 제약회사 로슈에게 470억 달러(약 52조 원)에 인수 합병되었다.

휴무린의 성공은 사람들에게 유전공학을 이용하면 못할 게 없겠다는 생각을 심어 주면서 세상을 들뜨게 하기에 충분했다. 한 예로 암의 발생과 진행이 근본적으로 유전자의 이상에서 비롯된다는 사실이 밝혀지면서, 과학자들은 여기에 관여하는 유전자를 찾아낸다면 암의 예방과 진단, 치료가 모두 가능할 것이라는 꿈에 부풀었다. 그리고 전 세계 대학에서 미생물학과나 유전공학과의 인기가 하늘을 찌르는 현상도 일어났다.

인슐린 제조 기술이 성공하자 사람들은 유전공학으로 모든 약을 만들어 낼 수 있는 세상이 곧 도래할 것이라고 기대했지만, 막상 연구 성과를 내는 것은 그렇게 쉬운 일이 아니었다. 복제 양 돌리를 탄생시키면서 주목을

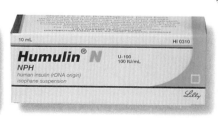

끌었던 생명 복제 기술, 인체의 주요 부분을 만들 수 있다는 꿈의 줄기세포 기술 등도 연구 진행 정도에 비해 너무 장밋빛으로 포장되었다. 과거에도 과학자들의 부푼 희망이 성급한 선언이 되곤 했던 사례들을 찾아볼 수 있다.

세균학자 플레밍(1881~1955)이 1928년 항생물질 페니실린을 발견했을 때 인류는 더 이상 질병으로부터 고통받지 않을 것이라고 했다. 분자생물학자 왓슨(1928~)과 크릭(1916~ 2004)이 1953년 DNA 이중나선구조를 밝혔을 때는 생명의 연금술 시대가 왔다고 했다. 1990년 미국에서 인간게놈프로젝트를 시작할 때는 인간 생로병사의 모든 비밀이 조만간 풀릴 거라고 했다. 세상이 알아주고 주목해 주길 바라서 했던 이야기였겠지만, 모두 너무 성급한 희망 사항이 되고 말았다. 물론 이들의 발견은 과학사에 남을 중요한 사건들이지만 이런 희망이 현실이 되기 위해서는 아직도 수많은 연구가 필요하다.

오늘날 하나의 신약이 개발되어 나오는 데는 약 15년 정도가 걸린다고 한다. 수많은 합성과 실험을 거쳐야 하기 때문이다. 이렇게 생산된 신약도 금방 생활 속에 파고들어 사람들의 입에 오르내리기는 쉽지 않다. 그렇다 보니, '유전공학'이란 용어가 조금 더 두루뭉술하게 '생명공학'으로 대체되는 경향도 보인다.

그런데 '공학'이란 용어는 너무 기술적이고 상업적이라서 생명을 다루는 학문과 어울릴 수 없으니 '생명과학'으로 부르는 것이 좋겠다며 문제 제기를 하는 사람들도 있다. 이것이 더 세분화되어 생명과학, 생명공학, 유전공학, 또는 생화학 같이 융합 과목에 바이오란 용어를 넣어 사용하는 경우도 많다. 이렇게 유전공학은 시대적 변화에 따라 그리고 사람들이 느끼는 어감에 따라 다른 용어로 사용되고 있다.

'게놈'과 '지놈'

게놈(genome)은 유전자(gene)에 염색체(chromosome)라는 단어를 합성해 만든 말이다. 'ome'는 '덩어리'를 나타내는 접미사다. 한국말로 하면 '유전자 덩어리(유전체)'쯤 된다. 그렇다면 유전자는 우리 몸의 어디에 존재할까? 바로 세포다. 인체는 수십조 개의 세포로 구성되어 있는데, 세포마다 핵이 있고 그 핵에 성 염색체를 비롯한 23쌍의 염색체가 존재한다. 염색체 안에는 고무줄처럼 꼬인 단백질 사이에 DNA가 담겨 있다. 유전자의 비밀은 생명의 설계도인 이 DNA 속에 있다. DNA는 A(아데닌), C(시토신), G(구아닌), T(티민)라는 네 가지 염기를 갖고 있는데, 이 염기 쌍으로 30억 개의 유전 암호를 만든다. 인간게놈프로젝트는 이 30억 쌍의 염기가 어떤 순서로 배열되어 있는지 밝히는 작업이다.

미국 정부가 추진한 인간게놈프로젝트의 결과물이 막 나올 때
쯤인 1999년 8월에 나는 과학기술부의 생명공학 담당 과장이었
다. 1년에 100억 원씩 10년 동안 투자하는 '21세기 프런티어' 사
업 계획을 추진하면서 제일 먼저 게놈프로젝트를 진행해야 한다
는 논의를 정리하고 있었다. 미국이 30억 달러를 15년 동안 투자
한 인간게놈 정보의 구조를 밝혀내는 사업이 마무리되면, 우리는
그 결과를 도입해 기능 연구를 거친 뒤 난치병 치료제와 개인별

인간게놈프로젝트가 밝힌 생명의 신비들

인간게놈프로젝트로 인간의 유전자 수가 생각보다 많지 않고, 남성이
여성보다 유전자의 돌연변이가 많으며, 사람이 세균으로부터 유전물질
을 전달받았다는 사실이 드러났다. 또 인간은 1만 3,600개의 유전자를
가진 초파리나 1만 9,500개의 유전자를 가진 선충보다 조금 더 많은 2
만 여개의 유전자를 가지고 있음이 밝혀졌다. 인간이야말로 지구상에
서 가장 우월하고 진화한 생물체라고 믿었으나 유전자 숫자에 있어서
는 하등동물과 큰 차이가 없었던 것이다. 더구나 인간은 쥐와 유전자의
95%를 공유하고 있고, 침팬지 등 유인원과는 유전자가 98.77% 같다.
인간이 지구 생명체의 한 구성원으로서 더욱 겸손해야 하는 이유다.
또 인간게놈지도의 완성과 함께 사람마다 게놈 상에 드러나는 염기 서
열의 차이(SNP)가 있다는 사실이 밝혀졌다. 이를 토대로 질병의 예방
과 치료를 위해 개인의 유전 특성에 맞는 약을 개발해 제공할 수 있는
가능성이 열렸다.

맞춤형 신약을 개발하면 이 분야의 중간 진입 전략이 가능하다는 보고서를 기안했다. 장관님 결재를 받고 사업 착수 보도 자료를 만들어 기자들에게 배포했다.

정확한 기억은 없지만 아마도 보도 자료 제목은 '우리도 게놈 프로젝트 추진한다 – 올해부터 10년간 1000억 원 투자' 정도였던 듯하다. 바로 언론에 보도되었고, 얼마 안 있어 과학기술 관련 기자단 몇 명이 미국을 비롯한 선진국의 게놈 연구 현황을 파악하기 위해서 외국 현지 기관 몇 군데에 시찰을 갔다 왔다. 그러더니 곧바로 나한테 와서는 다짜고짜로 책임지란다. 왜 '지놈'을 '게놈'으로 보도 자료에 잘못 써 놔서 헷갈리게 했느냐는 것이다. 외국에 나가 보니 게놈이라고 말하는 사람은 하나도 없고 모두 지놈이라고 말하더라는 얘기다.

게놈을 부드럽게 발음해 '지놈'이라고 하는 사람도 있는데, 이는 미국식 발음으로 미국인들이나 미국에서 공부하고 온 과학자들이 특히 이렇게 부른다. 그러나 일반 사람들은 '게놈'이라고 하고 그렇게 발음하는 사람이 훨씬 많다.

그런데 아무 생각 없이 보도 자료에 게놈이라는 명칭을 쓴 것은 아니다. 이런 사건을 겪기 얼마 전 KBS 아나운서실에서도 게놈과 지놈 중 어떤 걸 써야 하는지에 대해 검토했는데 철자에 충실하게 발음하는 것이 맞다는 결론을 내리고 게놈을 방송 용어

로 채택했다는 기사를 보기도 했다. 기자들의 항의에 그렇다면 'Center'를 미국인들이 '쎄너'라고 발음한다고 우리도 그렇게 표기할 것이며, 'Automatic'도 '오로메릭'이라고 해야 하는지 차근차근 설명하니 그제야 이해하고 돌아간 적도 있다.

　이 인간게놈지도가 처음 공개되었을 때, 학자들을 비롯한 상당수가 실망감을 감추지 못했다. 인간게놈지도는 흔히 인간이라는 건축물의 청사진으로 불린다. 그런데 해독이 완전히 끝났는데도 'AGTACGTCGGATT……'처럼 끝없이 이어지는 염기 서열을 아무리 들여다봐도 어디가 지붕이고 어디가 창문인지 알 수가 없었다. 과학자들은 인간을 구성하는 것은 단백질이고, 이 염기 배

열이 단백질을 만드는 것이므로 앞으로 게놈 연구에서 단백질을 더 연구해야 한다고 말한다. 인간게놈프로젝트로 생명의 비밀이 모두 풀릴 줄 알았는데 오히려 계속해서 연구해야 할 숙제가 더 많아진 셈이다.

예전에는 과학 과목을 물리, 화학, 생물, 지구과학으로 나누어 가르쳤다. 그러나 2000년대로 들어오면서 창의성이 강조되기 시작했고, 창의성을 개발하려면 과학 과목 전체를 통합해서 가르쳐야 한다는 주장이 강력하게 제기되었다. 그래서 2009년 과학 통합 교과서가 출판되었다.

과학 통합 교과서는 과학의 분야를 '우주와 생명', '과학과 문명' 두 축으로 구분하고 있다. '우주와 생명' 편에서는 137억 년 전에 빅뱅으로부터 우주가 생겨나고 수소, 헬륨, 탄소, 산소가 생겼다는 것을 이야기한다. 그 뒤 별이 생기고, 태양과 지구가 탄생하고, 38억 년 전에 생명체가 태어나 진화해서 오늘에 이르렀다는 것을 과학의 각 분야와 연결해 설명한다. 그리고 '과학과 문명' 편에서는 뉴턴의 과학혁명 이후 기초과학의 성과가 인류 생활 문명에 어떻게 적용되어 왔는지 그 과정과 현상에 대해 소개하고 있다. 이처럼 통합과 융합을 바탕으로 한 과학 교육을 통해 머지않아 생명현상의 비밀들이 하나씩 풀려 갈 것을 기대한다.

사이드 스토리

생명공학의 역사

B.C. 2000 — 고대 이집트에서 효모를 이용한 발효 기술로 빵과 술 제조.

1663 영국의 로버트 훅이 세포 발견.

1859 — 오스트리아의 멘델이 완두콩 실험으로 유전의 법칙을 발견.

1865 ~1866 영국의 찰스 다윈이 『종의 기원』을 펴내며 진화론 발표.

1909 덴마크의 빌헬름 요한센이 유전을 담당하는 인자를 뜻하는 유전자(gene, 그리스어로 자손을 낳는다는 뜻)라는 용어를 처음 쓰기 시작.

1920 — 미국의 토머스 모건이 초파리 실험으로 유전을 담당하는 물질인 염색체의 존재를 증명함.

1928

영국의 알렉산더 플레밍이
최초의 항생물질 페니실린 발견.

1952

미국의 알프레드 허시와 마사 체이스가 박테리오파지를 이
용해 DNA가 유전정보를 가지고 있는 기본 물질임을 밝힘.

1953

미국의 제임스 왓슨과
영국의 프랜시스 크릭이 DNA가
이중나선 구조임을 밝힘.

1956

미국의 아서 콘버그가 DNA를 합성하는 효소를 분리해 시
험관에서 인위적으로 DNA를 합성하는 데 성공.

1960

스위스의 베르너 아르버가
대장균에서 DNA를 작게
자를 수 있는 제한효소 발견.

1961

프랑스의 앙드레 루오프, 프랑수아 자코브, 자크 모노가
DNA의 유전정보가 전달되는 과정을 밝힘.

1968　　스웨덴의 토르브욘 카스페르손과 로어 체흐가 염색체를 구별하는 핵형 분석법을 발명해 유전자지도 작성이 가능해짐.

1973

> 미국의 스탠리 코언과
> 허버트 보이어에 의해
> 유전자재조합기술 성공.

1978　　독일의 멜처스가 세포융합으로 줄기에는 토마토가 열리고 뿌리에는 감자가 열리는 포마토를 만듦.

1980

> 영국의 프레더릭 생어가
> 박테리아 X174의 게놈 염기
> 서열을 모두 해독하는 데 성공.

1984　　미국의 캐리 멀리스가 시험관에서 DNA를 증폭시키는 방법인 중합 효소 연쇄반응을 개발, 아주 적은 양의 DNA만 있어도 대량생산이 가능해짐.

1987 　미국 특허청이 모든 생명체는 특허받을 수 있는 대상이라고
결정해 유전자를 상업적 목적으로 이용할 수 있게 됨.

1990 　인간게놈프로젝트 시작.

1994 　미국 칼젠사가 유전자조작으로
만든 '무르지 않는 토마토' 생산.

1995 　미국 몬샌토사가 제초제에 견디는 유전자조작 콩을 개발,
판매를 시작. 스위스 노바티스사가 병충해에 내성을 가진
비티 옥수수를 개발, 판매를 시작.

1996 　영국 스코틀랜드에서
최초의 복제양 돌리 탄생.

| 2000 | 인간게놈지도 초안 발표. |

13년간의
인간게놈프로젝트 완료.

| 2003 | |

| 2006 | 미국에서 개인 게놈프로젝트 시작. |

영국, 미국, 중국 등이 함께
다양한 인종의 유전자 차이를 규명하기 위한
1,000명 게놈프로젝트 시작.

| 2008 | |

| 2010 | 미국의 크레이그 벤터 연구팀이 하나하나의 DNA를 합성하는 방식으로 박테리아의 유전체 전체를 완성했고, 이를 다른 박테리아에 삽입해 최초의 합성 생명체를 탄생시킴. |

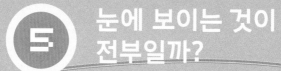

눈에 보이는 것이 전부일까?

: 과학자, 새로운 세상의 문을 열어젖히다

눈에 보이는 게 다는 아니다.

과천과학관에서 보여줍니다. ^0^

옛날 사람들은 빵 반죽이 부풀어 오르고 고기가 썩는 것은 그 물질 자체의 화학 현상이라고 믿었다. 그러나 파스퇴르는 이것이 '생명'과 관련된 현상이라고 생각했다. 미생물의 존재를 밝혀내고 질병과 전염병, 발효와 부패를 연구해 인류에게 큰 선물을 남겨 준 열정의 과학자 파스퇴르를 만나 보자. ◆

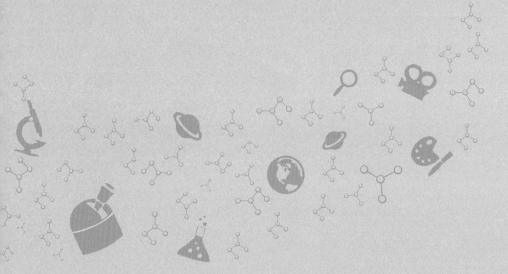

그는 우리가 아는 것보다 훨씬 더 위대한 영웅이다

'파스퇴르'라고 하면 자동적으로 우유를 연상하는 사람들이 많을 것이다. 상업적인 마케팅과 홍보의 위력을 실감케 하는 사례다. 우유와 전혀 연관이 없는 것은 아니지만, 그는 알려져 있는 것보다 훨씬 더 뛰어난 과학자다. 프랑스 사람들이 그를 두고 나폴레옹보다 더 위대한 업적을 남겼다는 말까지 할 정도로 루이 파스퇴르(1822~1895)는 대단한 과학자였다.

그는 발효에 관한 연구를 통해 '저온 살균법'을 고안해 냈고, 공기 중의 미생물 때문에 부패가 일어난다는 것을 실험으로 밝혀 생물의 자연발생설이 오류임을 증명해 냈다. 또한 미생물이 질병의 원인임을 알아내 탄저병, 패혈증, 산욕열 등의 병원체를 밝혀 냈으며, 백신 접종으로 전염병을 예방하는 방법을 널리 알렸다.

'미생물학의 아버지'라고 불리기에 손색없는 업적들이다.

파스퇴르가 당시 사람들에게 얼마나 추앙받았는지를 알려 주는 일화가 있다. 그가 파리로 몰려드는 수천 명의 환자를 보살필 종합 시설이 필요하다고 제안하면서 파스퇴르연구소 건설 계획이 수립되었다. 이 연구소는 정부 기관이 아니라 기부금으로 세워질 사설 기관으로 광견병 치료, 전염병 연구, 교육을 위한 센터 기능을 하도록 설계되었다.

연구소를 설립하기 위해 기부금을 모은다는 소식이 퍼지자 전 세계 사람들은 엄청난 성금을 보내 왔다. 러시아 황제, 브라질 황제까지도 동참했다. 이윽고 파리 남쪽 외곽에 귀족의 별장 같은 우아한 석조 건물이 올라갔고, 1888년 11월 14일 드디어 파스퇴르연구소가 문을 열었다. 프랑스 대통령, 프랑스 아카데미 동료 회원, 수많은 의사와 과학자가 참석한 가운데 성대한 개소식이 치러졌다.

파스퇴르는 노년으로 갈수록 몸과 마음이 쇠약해졌지만, 프랑스 국민들은 그를 더더욱 영웅으로 떠받들었다. 1892년 12월 27일, 당시 프랑스 대통령 사디 카르노는 소르본대학교에서 파스퇴르 박사의 생일 축하연을 성대하게 열어 주었다. 대통령은 거동이 불편한 파스퇴르를 직접 부축해 무대에 오르기까지 했다. 프랑스를 비롯해 전 세계에서 예복을 차려입은 과학자들과 고위 인사들

프랑스 파리에 있는 파스퇴르연구소의 전경.

이 참석해 화려하게 꾸민 강당을 가득 채웠다.

　파스퇴르는 1895년 9월 28일 일흔세 살의 나이로 세상을 떠났는데, 장례식은 노트르담 성당에서 국장으로 치러졌다. 노트르담 성당은 나폴레옹 황제가 대관식을 거행했던 곳이다. 시신은 파스퇴르연구소 내에 자리한 육중한 화강암 석관 속에 안치되었다. 관 주변은 금빛으로 화려하게 장식해 그의 업적을 기리고 이곳을 찾는 사람들이 그를 기억할 수 있도록 했다. 무덤 천장에는 'CHARITY SCIENCE'라는 글귀를 새겨 그가 인류애를 실현한 과학자였음을 표시했다. 이곳에서는 그의 생애에 대한 기록, 그가 사용했던 물건을 비롯해 연구 내용을 보여 주는 유품을 함께 전시하고 있다.

파스퇴르연구소는 결핵, 말라리아, 에이즈, 간염 등 감염성 질환을 주로 연구하고 있으며, 노벨상 수상자를 열 명을 배출하는 성과를 이룩하는 등 지금도 세계적인 연구소로 명성을 유지하고 있다. 이제 그의 업적을 하나씩 들여다보자.

백조 목 플라스크의 힘

쇠나 바위 같은 무기물은 몇 세기가 흘러도 변하지 않는다. 그런데 내버려진 우유는 시큼해지고, 빵 반죽은 부풀어 오르고, 나뭇잎이나 고기는 썩는다. 이렇게 무기물과 달리 유기물이 변하는 까닭에 대한 궁금증에서 파스퇴르의 연구는 시작되었다.

파스퇴르는 원래 화학자였다. 파스퇴르 이전까지 과학의 중심은 물리학과 화학이었다. 과학자들은 제일 먼저 하늘과 지구에서 달과 별과 물체가 어떻게 움직이고 힘을 발휘하는지 궁금해하며 그 비밀을 풀었고, 그 뒤를 이어 물질을 이루는 원소들과 이들이 일으키는 각종 화학반응에 관심을 가졌다. 시간이 흐르면서 과학자들의 관심은 인간과 동물의 생명현상으로 옮겨 갔고, 파스퇴르도 자연스럽게 이런 것들에 관심을 가지게 되었다.

　파스퇴르가 연구를 시작할 때까지만 해도 세상은 '자연발생설'이 지배하고 있었다. 생물은 무기물로부터 자연적으로 발생한다고 생각했고, 세대교변(한 종류의 생물이 주기적, 또는 불규칙적으로 유성생식과 무성생식을 교대하는 것)이라고 일컫는 이론이 흔히 뒷받

자연발생설

인간은 오래전부터 생명체가 어디서 어떻게 시작되었을까 하는 호기심을 갖고 있었다. 어미가 새끼를 낳고 그 새끼가 다시 자식을 낳아 생명이 이어진다는 것을 알았지만 어미의 어미의 어미…, 즉 '최초의 어미'는 어떻게 생겨나는지 궁금해했다. 사람들은 큰 생명체는 어떨지 몰라도 작은 생명체는 확실히 자연 속의 어떤 힘에 의해 저절로 생겨난다고 믿었다. 고대 그리스의 철학자 아리스토텔레스(BC 384~BC 332)도 간단한 동물은 자연적으로 생긴다고 설파했고, 이 믿음은 17세기까지 이어져 스위스의 의사 파라셀수스(1493~1541)는 연못에 살고 있는 개구리는 하늘에서 떨어졌다고 주장했다. 19세기에 들어서도 진화론을 지지했던 영국의 생물학자 헉슬리(1887~1975)는 바다 밑바닥에 자연발생적으로 만들어진 점액질이 있는데, 이 점액질에서 단세포 동물인 아메바가 태어난다고 주장했다. 그러니 일반인들이 벼룩은 씻지 않고 옷을 갈아입지 않으면 저절로 생겨나며, 음식을 내버려 두면 썩은 음식물에서 초파리가 저절로 생기고, 뱀장어는 갯벌 속에서, 쥐는 나일 강의 진흙탕 속에서 저절로 생겨났다고 수천 년 동안이나 믿어 온 것이 전혀 이상하지 않았다.

침되었다.

당시 많은 과학자가 각종 실험을 통해 자연발생설을 지지하거나 의문을 표시했다. 이탈리아의 생물학자 레디(1626~1679)는 썩어 가는 고기에서 구더기가 자연발생적으로 생기는지 알아보려고 그릇 세 개에 고기를 놓고, 하나는 그냥 두고 다른 하나는 뚜껑을 덮어 두었으며 나머지 고기 위에는 수건을 덮어 놓는 실험을 했다. 그러자 뚜껑을 덮어 둔 그릇에는 구더기가 생기지 않았고, 수건을 덮어 놓은 그릇에는 수건 위에 구더기가 생겼다. 그는 실험을 통해 적어도 구더기처럼 눈에 보이는 생명체는 자연발생적으로 생기지 않는다고 주장했다.

1748년 영국의 박물학자 니덤(1713~1781)은 양고기를 물에 끓여 그 국물을 플라스크에 넣은 다음 솜 마개로 단단히 막아 두었다. 그러자 플라스크가 뿌옇게 되었다. 니덤은 고깃국물이 생기를 포함하고 있어서 그 속에서 생명체가 생겨났다고 주장했다. 이탈리아의 박물학자 스팔란차니(1729~1799)는 물과 씨앗이 들어 있는 플라스크를 종이 마개로 밀봉한 다음 끓는 물에 담갔다가 보관하는 실험을 했는데 플라스크에는 아무 변화가 없었다. 수많은 과학자들의 실험에도 불구하고 자연발생설에 대한 논란은 끊이지 않았다.

그러던 중 1861년 파스퇴르가 했던 한 실험이 자연발생설에

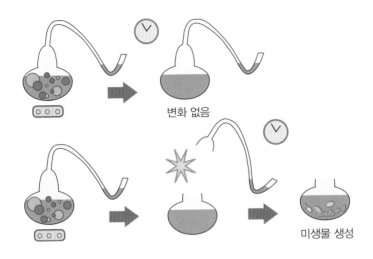

파스퇴르의 백조 목 플라스크 실험. 가열한 스프를 넣은 백조 목 플라스크의 주둥이가 막혀 있을 때는 변화가 없었으나, 플라스크의 목을 깨트리자 미생물이 자랐다.

대한 사람들의 의문에 종지부를 찍었다. 파스퇴르는 주둥이가 백조의 목처럼 길고 구부러진 플라스크에 스프를 끓여서 넣은 다음 하나는 주둥이를 막고, 하나는 주둥이를 열어 놓았다. 그랬더니 며칠 후 주둥이가 열린 플라스크 속의 스프에는 곰팡이가 피고 썩기 시작했는데, 주둥이를 막은 것에는 아무런 변화가 없었다. 이 실험으로 파스퇴르는 눈에 보이지 않는 어떤 것이 공기 중에 존재하고 있으며, 그것이 스프를 썩게 만들었다는 것을 증명해 보였다. '눈에 보이지 않지만 살아 있는 그 무엇'이 바로 미생물이었던 것이다.

파스퇴르는 또 구부러진 백조 목 플라스크 안에 스프를 넣고 플라스크를 가열한 다음 플라스크 끝에 공기가 들어갈 수 있게 놓아두었다. 그러자 스프는 썩지 않았다. 플라스크를 가열하는 동안 발생한 열로 미생물이 파괴되었고, 공기 중의 미생물은 플라스크의 구부러진 부분에 걸려 스프 속으로 들어가지 못했기 때문이다. 그리고 플라스크 목을 깨트리면 다시 미생물이 자라 스프가 썩었다. 이 실험으로 자연발생설은 막을 내렸다. 마침내 부패와 발효가 눈에 보이지 않는 살아 있는 유기체, 즉 미생물의 생명 활동 과정에서 발생한다는 것을 밝혀낸 것이다.

포도주의 맛을 지켜라

♦

1860년, 프랑스와 영국은 자유무역협정(FTA)을 맺었다. 영국은 프랑스로 양털 등 공산품을 수출해서 시간적 요소가 문제될 것이 없었지만, 프랑스가 영국에 수출하는 품목 중에는 오래되면 상하는 포도주가 있었다. 당시에는 이동 수단이 발달하지 않아 프랑스의 양조장에서 영국 가정의 식탁에 포도주가 오르기까지 꽤 오랜 시간이 걸렸고, 그 기간 동안에 포도주가 변질되면 수출할 도리가 없었다.

자신의 연구실에서 실험 중인 파스퇴르의 모습.

발효 음료인 포도주는 부패하기 쉽다. 그래서 식탁에 올리기 전에 그 모임을 주관하거나 포도주를 주문한 사람이 모든 이가 보는 앞에서 직접 한 모금을 따라서 색깔과 향, 맛을 확인했다. 지금도 식당의 웨이터나 와인 소믈리에들에게는 그 전통이 남아 있다. 물론 오늘날 손님에게 제공되는 포도주의 품질은 대부분 좋기 마련이지만, 19세기 중엽에는 종종 쓴맛이 나고 탁하며 끈적끈적한 와인도 많았다.

금방 상하는 포도주는 큰 골칫거리였다. 파스퇴르는 이 문제를 해결해 달라는 양조업자들의 부탁을 받고, 여러 차례 포도주 공장을 찾아가 살펴보고 실험실에서 수많은 실험을 했다. 파스퇴르는 발효 현상을 화학반응만으로 설명하던 기존의 이론에서 벗어나 미생물이 발효와 관련 있을 것이라는 가설을 세우고 연구에 전념했다. 그리하여 정상 알코올 발효는 효모 때문에 발생하지만 비정상 발효는 젖산균과 같은 다른 미생물 때문에 생긴다는 사실을 알게 되었다.

문제는 결국 포도주를 발효시키는 역할을 했던 미생물을 통제하는 방법이었다. 포도주를 끓이면 상하지 않게 할 수 있지만, 그러면 맛과 향을 잃어버리게 되니 그 맛과 향을 지키면서 변질되지 않게 보관하는 방법을 찾아야 했다.

파스퇴르는 미생물의 특성에 대한 연구를 바탕으로 여러 가지 실험을 한 결과 단단히 밀봉된 탱크에 와인을 저장한 후 50°C~60°C 사이의 온도로 짧은 시간 동안 끓이는 방법을 사용했더니 아세트산균의 개체 수가 눈에 띄게 줄어들고 보존성이 향상된다는 사실을 발견했다. 파스퇴르는 이를 '파즈 보일링(Paz-boiling)'이라 명명했고 파스퇴르가 죽은 후에는 '파스퇴라이제이션(Pasteurization)'이라고 불리게 되었다. 이른바 '저온 살균법'이다.

저온 살균법은 맥주나 식초, 우유에도 적용시킬 수 있다. 파스퇴르의 저온 살균법은 그 후로 오랫동안 식품의 보존에 이용되었

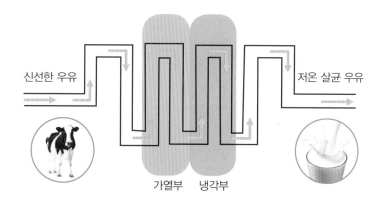

신선한 우유 　　　　　　　　　　　저온 살균 우유

가열부　냉각부

다. 오늘날에는 저온 살균법 대신 포도주에 화학약품(아황산염)을 처리해 장기간 보존한다고 한다.

파스퇴르는 발효에 대한 연구를 계속하면서 세균에 감염되어 죽어 가는 동물에 대한 치료법까지 연구 범위를 넓혀 양들에게 나타나는 탄저병과 닭 콜레라에 대한 백신을 개발하는 성과를 거두었다. 그리고 한걸음 더 나아가 인간의 질병인 광견병 치료법을 개발하는 데 매달렸다. 파스퇴르는 우선 광견병을 일으키는 병원균을 찾아내려고 했는데, 당시에는 눈으로 확인할 수가 없었

미생물의 대표 선수들

○곰팡이 : 알코올 발효, 유기산 발효, 효소의 생산 등
우리 생활과 관련이 많다. 페니실린의 제조와 유기산
발효 등에도 이용되나 식품을 변질시키는 뮤코르속처
럼 유해한 것도 있다. 산소가 있어야 증식하는 호기성 미생물로, 세균
에 비해 낮은 온도에서 증식한다.

○효모 : 균체의 형태는 여러 종류가 있고 효모의 종류, 증식 환경이나
 시기에 따라 크기가 다르나 대개 5~10um로 세균에
비해 크다. 곰팡이처럼 진핵세포를 가진 진균류나,
대부분 단세포 형태로 생활하는 미생물이다. pH 5 부
근의 약산성 상태에서 잘 자란다.

○세균(박테리아) : 원핵세포를 가진 하등 미생물로, 세
포의 내부 구조가 단순하고 핵의 형태도 확실하지 않
다. 배양 온도나 영양 상태 등의 조건에 따라 모양과
크기가 달라지는데, 균종에 따라 다르지만 구균은 0.5~1.0um, 간균
은 0.5~1.0×2.0~4.0um 정도다. 1um의 크기는 현미경으로 1,000
배 확대할 때 1mm의 크기다.

○바이러스 : 동식물의 세포 내에서 증식하며, 박테이로파지라 불리는
바이러스처럼 세균 체내에서 증식하는 것도 있다. 크
 기는 100nm로 미생물 가운데 가장 작아서 전자현미
경으로만 관찰할 수 있다. 간염, 뇌염, 천연두 등의
병원체가 바로 바이러스다.

다. 고배율의 전자현미경도 없었을 뿐만 아니라 광견병을 일으키는 것은 세균보다 더 작은 바이러스였기 때문이다. 인간이 현미경을 통해 실제로 바이러스를 본 것은 1930년이 되어서였다. 하지만 파스퇴르 박사 연구팀은 끊임없는 도전과 실패를 거듭한 끝에 광견병 백신을 만드는 데 성공했다.

파스퇴르는 식물성 발효와 동물성 질병을 연구하면서 둘 사이에 다음과 같은 공통점이 있다는 것을 알아냈다. 첫째, 병에 걸리면 발효가 일어날 때처럼 열이 급격하게 올라갔다가 서서히 가라앉는다. 둘째, 거품이 일거나 끈적끈적한 악취가 나는 물질이 생기기도 한다. 셋째, 쉽게 주변을 감염시킨다. 넷째, 발효된 물질은 다시 발효를 일으키지 않듯이(적어도 같은 방법으로는 발효되지 않는다.) 천연두, 홍역, 장티푸스 같은 병을 이기고 살아난 사람은 두 번 다시 같은 병에 걸리지 않는다는 점이다.

사람이 광견병에 걸리면 열, 구토, 발작 증세를 보이고 심한 갈증을 느끼면서도 물을 삼킬 수가 없다. 그래서 광견병을 '공수병'이라고도 하는데, 환자는 결국 온몸이 마비되면서 죽어간다. 프랑스 과학자 파스퇴르가 새로운 치료법으로 1885년 7월과 10월에 미친개에게 물린 두 소년의 생명을 구했다는 소문이 미국 뉴욕에 돌았다. 그해 12월 초, 뉴욕 근처 뉴저지주 뉴어크에서 여섯 명의 아이가 미친개에게 물렸다. 뉴욕의 한 의사가 파스퇴르에

파스퇴르는 1881년 프랑스 푸이 르포르의 목장에서 탄저병 백신을 주사하며 공개적인 실험을 했다.

게 전보를 쳐 아이들을 치료할 수 있는지 물었고, 파스퇴르는 되도록 빨리 아이들을 보내라고 답장을 보냈다. 곧바로 개에게 물린 아이 네 명과 의사, 보호자 몇 명이 파리행 증기선에 올랐다.

파리에 도착한 아이들은 광견병에 감염된 토끼의 척수에서 뽑아낸 골수 주사를 날마다 맞고 결국은 살아서 뉴욕으로 돌아갔다. 그다음 해 1월 15일자 〈뉴욕 타임즈〉는 아이들이 돌아왔다는 소식을 전하며 "일생을 바친 연구로 순진한 아이들을 죽음의 문턱에서 구해 낸 사람"이라고 파스퇴르에게 찬사를 보냈다.

빛이 있으면 그늘도 있는 법, 간혹 불거져 나오는 의심의 목소리도 있었다. 실제로 그는 자신의 연구 결과에 대해 거짓말을 하기도 했고, 다른 사람들의 아이디어를 훔쳐 자신의 성과인 양 발표하기도 했다. 그러나 파스퇴르를 향한 세상 사람들의 갈채는 뜨거웠으며 그는 순식간에 세계적인 영웅이 되었다. 아울러 개와 늑대에게 물린 사람들이 알제리, 러시아 등지로부터 파리로 몰려들었고 1886년 말 무렵에는 수천 명이 순례 여행을 오기도 했다. 지금도 파스퇴르는 위대한 과학자로 사람들의 머릿속에 남아 있다.

파스퇴르의 말, 말, 말!

파스퇴르는 유명한 말을 여럿 남겼다.

"과학에는 국적이 없지만 과학자에게는 조국이 있다."

"나의 성공이 곧 프랑스의 성공이다."

"기회는 준비된 사람에게 주어지는 것이다."

파스퇴르는 푸이 르포르에서 공개적으로 새로운 탄저병 백신 실험을 했고, 이 위험한 실험 보고서에 이런 말이 기록되어 있다.

"실험실이 없었다면 자연과학은 무익함과 죽음의 이미지가 되었을 것이다."

파스퇴르는 자신의 말대로 늘 실험과 노력을 멈추지 않았다.

"과학자의 인생은 아주 짧습니다. 그런데 과학자가 연구해야 할 자연의 신비, 특히 살아 있는 자연의 신비는 너무나 많습니다."

어느 잡지의 편집자가 논문을 써 달라고 요청하는 것을 거절하면서 전달한 말이라고 한다.

파스퇴르는 무엇보다 과학의 실용성을 항상 염두에 두었던 과학자였다. 저온 살균법을 연구할 때도 이론적 기초를 마련하는 데 그치지 않고 포도주 제조업자들이 현장에서 이용할 수 있도록 병째로 살균하는 법, 금속 통에 넣어 통째로 살균하는 법을 개발했다. 또한 실제로 사용되는 커다란 나무통을 살균하기 위해 포도주 통 안에 가열한 금속 코일을 넣어 살균하는 법까지 세심하게 개발했고, 이를 효과적으로 사용하기 위한 장치역시 일일이 고안해 냈다.

저온 살균법처럼 상업적으로 이용할 수 있는 기술은 특허를 내면 큰
돈을 벌 기회가 된다. 파스퇴르는 훗날 이러한 기술을 모두가 사용할 수
있도록 특허를 세상에 내놓았다. 파스퇴르의 조국에 대한 열렬한 애정, 과
학을 산업에 적극적으로 응용해야 한다는 신념, 과학은 모든 이에게 도움
을 주어야 한다는 믿음은 오늘날까지 많은 이에게 감동을 주고 있다.

파스퇴르연구소에 세워진 파스퇴르의 흉상.

스토리텔링 전시 해설

: 과학이 아닌 것으로 과학을 이야기하다

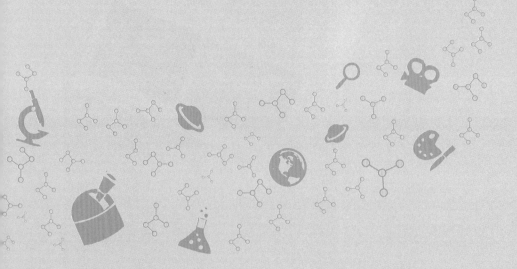

　말하는 이가 어떻게 전달하는지에 따라 듣는 이의 재미와 감동은 하늘과 땅만큼이나 달라질 수 있다. 때로 저속해 보이는 그림도 가슴 뭉클한 사연과 함께 들으면 명화가 되기도 한다. 보잘 것 없는 벌레 한 마리, 나무 한 그루에서 나온 감칠맛 나는 스토리텔링의 위력은 과학을 더욱 친근하고 흥미진진한 것으로 만들어 준다. ♠

예술에서 배우다

2008년 국립과천과학관 개관을 앞두고 가장 많이 생각한 것은, 어떻게 하면 관람객들에게 재미와 감동 그리고 가치를 전해 줄 것인가였다. 고민을 거듭한 끝에 내린 결론은 '스토리텔링'이었다. 수많은 전시품과 관련한 복잡하고 어려운 과학 지식을 설명한들 그것에 흥미를 느끼지 못하거나 이해하지 못하면 사람들의 머릿속에 남는 것은 하나도 없을 것이다. 차라리 몇 가지만이라도 콕 집어서 재미있게 이야기해 준다면, 집에 돌아가 가족과 함께하는 저녁 식사 자리에서 그날 보고 듣고 느낀 것에 대해 말을 꺼낼 수 있지 않을까? 과학관에서 강의를 들은 학생들이 다음날 학교에 가서 친구들에게 이야기하게 된다면 더 많은 이에게 과학 이야기를 전할 수 있을 것이다. 바로 입소문으로 승부하는 것이다.

그러려면 어떤 방법을 써야 할지 고민하다가 미술 작품에서 영감을 얻었다.

1897년, 존 콜리어(1850~1934)가 그린 〈레이디 고디바〉라는 그림이 있다. 이 그림은 영국 중서부 지방의 조그만 도시 코벤트리의 허버트아트갤러리에 전시되어 있다. 육중한 중세 대리석 건물 사이의 한적한 골목길을 실오라기 하나 걸치지 않은 긴 머리의 젊은 여자가 고개를 푹 숙인 채 화려한 백마를 타고 지나가는 그림이다.

11세기 초반 코벤트리에서는 영주 레오프릭 백작이 농지 소작료를 너무 많이 요구하는 바람에 소작농들의 불만이 많았다. 소작료를 깎아 달라고 여러 번 건의했지만, 영주는 꿈쩍도 하지 않았다. 그런 사정을 보다 못해 백작 부인 고디바가 나섰다. 고디바는 소작농들의 요구를 들어주라고 남편에게 간곡히 애원했다. 소작농들의 편에 선 고디바가 못마땅했던 레오프릭 백작은 부인에게 "당신이 알몸으로 말을 타고 동네 한 바퀴를 돌면 소작료를 내려 주겠소." 하고 조건을 내건다. 부인이 당연히 받아들일 수 없을 것이라 예상하고 내건 억지 조건이었다.

젊고 아름다운 고디바 부인은 며칠을 고민하다가 남편의 황당한 제안을 받아들이기로 결심했다. 코벤트리 사람들은 고디바 부인에 대한 존경과 감사의 표시로 모두 창문을 닫고 커튼을 내려

존 콜리어, 〈레이디 고디바〉, 1897

서 부인의 모습을 보지 않았다. 그런데 어느 사회에나 한발 빠지는 사람은 있기 마련인 모양이다. 톰이라는 재단사 하나가 창문 틈 사이로 고디바 부인의 모습을 훔쳐보려고 시도하다가 그만 눈이 멀고 말았는데, 관음증 환자를 뜻하는 '피핑 톰(Peeping Tom)'이라는 말도 여기에서 유래했다고 한다.

고디바 부인의 누드화에서는 아름다운 마음과 고결함이 느껴진다. 이런 고디바 부인의 이름을 브랜드 명으로, 또 말을 타고 있는 모습을 로고로 사용하는 초콜릿이 있다. 그림 뒤에 숨은 이야기를 생각하며 초콜릿 고디바에 손이 갔다면 감동과 예술을 함께 먹는 셈이다.

　나를 사로잡은 두 번째 그림은 〈시몬과 페로〉였다. 네덜란드가 배출한 바로크 미술의 대표 화가 루벤스(1577~1640)의 작품으로, 쇠고랑을 찬 늙은 남자가 젊고 아름다운 여자의 풍만한 가슴을 빨고 있는 그림이다. 네덜란드 암스테르담 레이크스미술관을 비롯해 세계적으로 유명한 미술관 몇 군데에 걸려 있는데, 이 그림에 대해 잘 모르는 관람객들 중에는 왜 중요한 자리에 저급한 그림을 걸어 놨느냐고 불쾌한 감정을 드러내는 경우도 적지 않다고 한다. 그러나 고대 로마시대 역사학자 발레리우스 막시무스(서기 30년 전후의 인물)의 설명을 듣고 나면 이해하는 것은 물론이고, 감동을 받아 그 미술관을 홍보해 주는 이야기꾼이 될지 모른다.

　시몬이라는 노인이 죄를 짓고 감옥에 갇혔는데, 음식을 주지 말고 굶겨 죽이라는 형벌이 내려졌다. 늙은 몸에 먹을 것까지 금지되니 죽는 것은 시간문제였다. 노인의 딸 페로가 감옥에 갇혀 있는 아버지의 임종을 보러 갔다. 아무것도 먹지 못해 다 죽어 가는 아버지 시몬의 모습을 보는 순간, 페로는 형벌의 내용이나 여자로서의 부끄러움 같은 것은 생각지도 않고 자신의 젖무덤을 드러내 아버지께 물렸다. 그로 인해 아버지의 생명은 조금 더 연장됐고, 그 숭고한 이야기를 전해 들은 로마 황제는 페로의 효성에

페테르 루벤스, 〈시몬과 페로〉, 1612년경

감동해 시몬을 석방했다고 한다. 이 그림의 또 다른 제목은 〈로마인의 자비〉다. 이 모든 이야기를 알게 될 때, 눈앞의 선정적인 그림이 명화로 탈바꿈하는 순간을 맞이할 것이다.

　루벤스는 시몬과 페로 이야기를 여러 번 그렸고 다른 화가들이 그린 그림 역시 많이 남아 있으나, 러시아 상트페테르부르크의 겨울궁전이라 불리는 에르미타주 박물관에 소장되어 있는 루벤스의 작품이 가장 유명하다.

미켈란젤로(1475~1564)에게 인간의 본성을 깨우치게 한 그림인 〈세례를 베푸는 성 베드로〉이야기도 흥미롭다. 르네상스에 불을 당긴 마사초(1401~1428)가 스물세 살 때인 1424년에 그린 그림으로, 이탈리아의 산타 마리아 델 카르미네 대성당 브랑카치 예배당에 있는 성 베드로의 생애를 표현한 프레스코화 중 일부다.

이탈리아는 지금도 그렇지만 공교육보다는 도제식 교육체계가 발달한 사회다. 대학 진학에 그다지 연연하지 않고, 박사 학위를 가진 사람들에게도 의사가 아니면 '○○○ 박사'라고 부르지 않는다. 성인 여성

마사초, 〈세례를 베푸는 성 베드로〉, 1424

에 대한 호칭은 '시뇨라', 남성은 '시뇨레'로만 부른다. 스펙보다는 무엇을 얼마만큼 잘할 수 있는지를 중요하게 여기는 사회다.

도메니코 기를란다요 미술 학원에 다니던 열세 살의 미켈란젤로는 마사초의 그림을 관찰하고 채색과 구도 기법을 배우기 위해 카르미네 성당으로 현장학습을 나갔다. 〈세례를 베푸는 성 베드로〉를 보는 순간, 미켈란젤로는 얼어붙은 듯 그림으로부터 시선을 떼지 못했다. 함께 화구를 들고 브랑카치 예배당에 들어선 또래 친구들의 부산스러운 움직임에도 아랑곳하지 않은 채 소년은 그 자리에 마냥 서 있었다. 1420년대에 활동했던 마사초라는 천재 화가의 영감이 1480년대 말 미켈란젤로에 의해 재발견되고, 열세 살의 미켈란젤로가 르네상스의 정신을 깨닫는 순간이었다.

암흑시대라고 일컫는 중세 시대에 인간의 내면적 가치는 말살되었고, 오직 교회와 신의 권위에 의해서만 인간의 존재 이유를 설명할 수 있었다. 그런데 이 그림에 나타난 마사초의 무엄함을 보라. 로마 가톨릭교회의 초대 교황이었던 성 베드로(BC10~AD65년경) 앞에서 세례를 받고 있는 남자를 자세히 보자. 거룩한 세례를 위해 성수를 받고 있는 그는 지금 감동을 받아서가 아니라 추워서 벌벌 떨고 있다. 이번에는 그 뒤에 서서 다음 차례를 기다리고 있는 사람을 보자. 아예 노골적으로 두 팔로 몸을 감싸 안은 채 떨고 있는 모습은 이 상황이 얼마나 '인간적이지 못한지'를 한 번

더 강조한다. 세례라는 거룩한 의식에 대한 경외심이 아니라, 추운 겨울철에 자기만 두꺼운 옷을 입은 채 세례를 베푸는 성 베드로에 대한 반감까지 드러내고 있는 것처럼 보인다. 마사초의 그림은 신성모독이고 교황에 대한 적개심의 은밀한 표현이라 할 수 있었다. 이 그림에 담긴 것은 중세에 말살된 인간성이 회복되어야 한다는 메시지였다.

미켈란젤로가 발견한 것은 바로 르네상스 예술의 본질이자 인간의 본성이었다. 인간의 본질은 아무리 거룩한 세례를 받고 있는 순간이라도 추우면 몸이 떨린다는 매우 평범한 진리였다. 열세 살 어린 나이에 미켈란젤로는 결심한다. '나는 인간의 참모습을 조각하리라! 인간의 참된 본질을 그림으로 표현하리라! 추위에 떨고 있는 인간의 모습을! 그것이 아무리 성스러운 순간이라 해도!' 미켈란젤로의 천재성은 여기서부터 출발했다.

미켈란젤로는 르네상스 전성기 때 이탈리아에서 활동한 세계 최고의 조각가, 화가, 건축가이자 시인으로 꼽힌다. 당시 미술계의 라이벌로는 레오나르도 다빈치(1452~1519)와 라파엘로(1483~1520)가 있었다. 미켈란젤로는 이 세 명 중 창작 활동을 가장 열정적으로 해서 그런지 허약 체질에 자주 병치레를 했지만, 여든아홉 살까지 살아 가장 장수했다. '미술' 하면 흔히 그림만을 연상하는 사람이 많다. 그러나 조각, 건축 등을 포함해 공간이나

미켈란젤로, 〈천지창조〉, 1508~1512

시각의 아름다움을 표현하는 것 모두를 미술이라 할 수 있다. 미켈란젤로가 딱 미술가다.

그의 작품으로는 어머니 마리아의 무릎 위에 누운 예수의 모습을 형상화한 조각품 〈피에타〉, 미완성된 조각을 마저 완성해 달라는 요청을 받아 탄생시킨 〈다비드 상〉, 로마 바티칸의 시스티나 예배당의 둥근 천장에 그린 〈천지창조〉, 〈신과 인간의 관계〉, 〈신의 은총으로부터 타락한 인간의 모습〉 등이 있다. 이 천장화는 800m²(약 240평)의 넓이에 달하며 1508년부터 1512년까지 약 4

년간에 걸쳐 완성되었다. 또한 그는 사랑, 고통, 즐거움에 대한 시를 남긴 시인이었으며 엄청난 규모와 그 안에 담긴 수많은 예술품으로 유명한 바티칸의 성 베드로 성당 건축에 평생을 바친 건축가이기도 했다. 1503년부터 시작된 바티칸 성당의 건축은 그가 세상을 떠나고 30여 년 뒤인 1593년에야 완공되었다.

미켈란젤로는 처음에는 조각가로 활동했지만 교황이 시스티나 예배당의 천장화 제작을 제의하자 자신의 구상을 완벽하게 구현하겠다는 외고집 기질로 모든 도움을 거절했다. 그는 천장에 거꾸로 매달리다시피 한 채 신경통과 관절염에 시달리면서도 몇 년에 걸쳐 작업을 끝마쳤다. 예술인으로서의 헌신과 집중 그리고 지구력을 여실히 보여 주는 이야기다. 기다림에 지친 교황이 그에게 언제 끝나냐고 묻자 "완성되는 날에 끝납니다."라고 대답했다는 일화가 있을 정도로 그는 자존심이 센 예술가였다.

'피에타'는 이탈리아어로 '자비를 베푸소서.' 또는 '신이여 불쌍히 여기소서.'라는 의미다. 미켈란제로의 〈피에타〉는 성 베드로 대성당 안에 있다. 천장화는 베드로 성당 북쪽의 바티칸 궁전 미술관으로 들어가야 볼 수 있는데, 그 궁전의 가장 뒤쪽 시스티나 예배당에 있다. 시스티나 예배당은 교황을 선출하는 의식인 콘클라베가 이루어지는 장소이기도 하다. 〈다비드 상〉은 피렌체 갤러리아 델 아카데미에 있다.

✦

조각가 로댕(1840~1917) 하면 〈생각하는 사람〉을 연상하는 사람이 많을 것이다. 심지어 앉아 있는 남자를 로댕으로 착각하는 사람도 있다고 한다. 로댕은 많은 작품을 남겼지만, 특히 감동적인 이야깃거리를 품고 있는 작품이 있다. 프랑스 북쪽 도버해협을 끼고 있는 칼레시 시청 앞에는 조각상 〈칼레의 시민〉이 있다. 〈칼레의 시민〉은 역사적인 배경 아래 탄생했다. 한 사람이 아닌 여섯 사람으로 이루어져 있고, 사실적인 표현 기법으로 파격적인 시도를 하는 등 많은 이야깃거리를 담고 있다.

영국과 프랑스의 왕위 계승 문제로 발단이 된 백년전쟁(1337~1453) 중에 있었던 이야기다. 잉글랜드 왕 에드워드 3세(1312~1377)는 1346년 9월 도버해협에 면한 칼레항을 포위했다. 성채를 기반으로 똘똘 뭉친 칼레 시민들은 11개월 동안이나 완강히 저항했다. 그러나 결국 프랑스군 본대로부터 지원이 끊기고 성안의 모든 양식이 떨어지자 더는 버틸 수가 없었다. 이에 칼레시에서는 전령을 보내 항복 의사를 전하며 시민에 대한 관용을 요청했다. 잉글랜드 왕은 칼레시를 쑥대밭으로 만들려고 했지만 신하인 월테 머네이 경의 건의를 받아들여 칼레시의 항복을 수용하되, 한 가지 요구 조건을 내걸었다. 칼레의 지체 높은 시민 여섯 명이 맨발에 속옷만 걸치고 목에 밧줄을 감은 채 성 밖으로 걸어 나와 성문 열쇠를 바치면 여섯 명을 교수형시키는 대신 시민들의 목숨은 살려 주겠다는 제안이었다.

　아마도 이 제안을 받은 칼레 시민들은 무척 혼란에 빠졌을 것이다. 어느 누구인들 하나밖에 없는 목숨을 내놓고 싶겠는가? 그런데 회의를 거듭하던 자리에 한 사람이 나와 "내가 그 여섯 명 중 하나가 되겠소." 하고 말했다. 칼레시에서 가장 부자인 외스타슈 생 피에르였다. 그러자 시장, 법률가 등이 따라나섰고 목숨을 내놓겠다고 자원한 사람은 모두 일곱 명이 되었다. 피에르는 약속 시간에 가장 늦게 오는 사람이 성 안에 남는 것으로 하자는 제안을 했다. 운명의 날, 약속한 자리에 여섯 사람이 다 모였으나 오직 피에르만이 나타나지 않았다. 이상하게 여긴 사람들이 피에르의 집으로 가 보니 그는 이미 목숨을 끊은 후였다. 혹시라도 살기를 바라는 마음이 각자의 마음속에 꿈틀거릴 것을 우려한 그가 솔선수범해서 목숨을 끊은 것이다. 피에르의 숭고한 죽음을 목격한 여섯 사람은 목에 밧줄을 맨 채 칼레시의 성문 열쇠를 들고 당당하게 에드워드 3세 앞으로 나아갔다.

　여섯 명의 시민이 죽음을 앞두고 있을 때, 임신 중이던 왕비 필리파 드 에노가 나서서 배 속 아기에게 사랑을 베푼다는 마음으로 그들에게 관용을 베풀 것을 왕에게 간청했다. 결국 여섯 명의 시민들은 죽음을 각오하고 나선 끝에 칼레 시민들을 구했으며, 자신들의 목숨과 가문, 재산까지도 지킬 수 있었다. 기적 같은 반전이다. 이 여섯 명의 용기와 희생정신은 높은 신분에 따르는 도덕적 의무인 '노블레스 오블리주'의 상징이 되었다.

그로부터 500여 년이 지난 1884년, 조각가 로댕은 칼레시로부터 위대한 6인의 모습을 형상화해 달라는 부탁을 받는다. 이들의 이야기에 깊은 감명을 받은 로댕은 10년이 넘는 세월을 바쳐 작품을 완성했다. 여섯 명 각각의 신분에 따른 모습과 얼굴 표정, 앞에 있는 사람은 누구이고 뒤에는 누구를 배치했는지 등에 대한 설명을 듣노라면 감동을 받기에 충분하다. 당시에는 많은 사람이 우러러 볼 수 있도록 사람 키보다 높은 곳에 조각상을 설치하는 것이 유행이었지만, 로댕은 작품을 그냥 평

오귀스트 로댕, 〈칼레의 시민〉, 1895

지에 세워 보통 사람들과 같이 어울릴 수 있도록 했다.

그러나 이 조각상은 칼레 시민들이 기대했던 영웅적인 모습이 아니었다. 헌신적인 정신과 죽음에 대한 공포 사이에서 딜레마에 빠져 고민하고 있는 모습을 로댕은 사실적으로 표현했다. 그래서 처음에는 바닷가 한적한 곳에 설치되는 수모를 겪기도 했다. 시민들이 로댕의 마음을 이해하지 못한 결과였다. 지금은 칼레 시청 앞 광장 외에도 미국 워싱턴의 허시혼 미술관 정원, 샌프란시스코 근처 스탠퍼드대학교 교정, 일본 도쿄의 우에노국립서양미술관 정원, 영국 런던의 국회의사당 정원 등에 설치되어 있다. 나라마다 이 작품에 대해 설명하는 포인트는 다를 것 같다. 프랑스에서는 영웅적인 모습을 주로 부각시킬 것이고, 영국에서는 관용을 주제로, 아마도 우리나라에서는 노블레스 오블리주를 강조하지 않을까 싶다.

영국 유학을 하고 있던 나는 1992년에 가족과 함께 영국 브라이튼에서 카페리를 타고 도버해협을 건너 프랑스 칼레에 내렸건만, 그 유명한 조각품의 존재를 알지 못해서 직접 보지 못했다. 지금 생각하면 부끄럽기 이를 데 없다. 아는 만큼 보이고 아는 만큼 즐길 수 있다고 한다. 그때 내 아들에게 그 조각품을 보여 주면서 이런 고결한 이야기를 해 주지 못한 것이 정말 아쉽다.

과학관의 천장을 높게 만들다

◆

과천과학관 전시실의 천장 높이는 보통 6m다. 본관 중앙홀은 천장 높이가 무려 33m다. 보통 아파트의 천장 높이가 2.4m인 것과 비교하면 10배 이상 높다. 전시 면적을 효율적으로 확보하는 것을 포기한 걸까? 아니다. 이유가 다 있다. 천장 높이가 30cm 높아질 때마다 사람의 창의력은 두 배씩 높아진다고 한다.

1950년대만 해도 소아마비는 예방도 치료도 불가능한 공포의 대상이었다. 1952년 미국에서만 5만 8,000명의 어린이 환자가 발생했고 그중 3,145명이 사망했으며 2만 1,269명이 사지가 마비되었다. 미국은 소아마비에 떨고 있었다. 미국 연방 정부에서는 소아마비 퇴치를 정책 목표로 내세우고 치료제 개발에 집중 투자하기로 했다. 그때 소아마비 백신 개발에 나선 선두 주자 중에는 피츠버그대학교의 조나스 솔크(1914~1995) 박사가 있었다. 그는 1948년부터 소아마비 퇴치 프로젝트를 맡아 지하 연구실에서 백신 개발에 열중했다. 서로 다른 물질로 200번이나 실험했지만 전혀 실마리를 찾지 못했다.

벽에 부딪힌 그는 연구를 중단하고 기분 전환을 위해 이탈리아로 여행을 떠났다. 이탈리아 중부 아시시에 있는 13세기 중세 수도원 프란치스코 성당을 방문하던 중 불현듯 "죽은 세포를 이용하면 어떨까?" 하는 아이디어가 떠올랐다. 그는 여행을 중단하고 서둘러 실험실로 복귀했다. 곧이어 원숭이의 신장 세포에서 바이러스를 배양하고 포르말린으로 불활성화해서 사균 백신을 만들었으며, 연구에 연구를 거듭한 끝에 1952년 3월 드디어 백신을 개발하는 데 성공했다. 그는 백신의 임상 실험 대상을 구하지 못하자 자신과 가족들을 실험 대상으로 삼았다. 이렇게 해서 안전성과 효과가 입증되었고 1955년 4월, 소아마비 백신 개발에 성공했음을 세상에 발표한다.

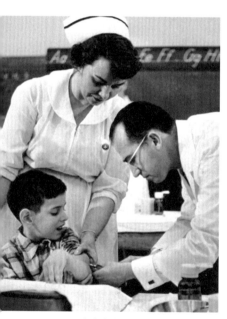

어린이에게 소아마비 백신을 주사 중인 솔크 박사.

백신의 개발로 1960년대 이후 소아마비 환자는 급격하게 줄었다. 1984년 이후 단 한 명의 환자도 보고되지 않았으며, 마침내 2000년 세계보건기구(WHO)는 소아마비의 종식을 공식 선언했다. 솔크 박사는 백신 발명 이후 여러 제약 회사로부터 특허를 넘겨 달라는 제안을 받았지만 생명과 의술을 돈과 연결시킬 수 없다는 신념 때문에 특허 등록을 하지 않았다. 태양을 특허로 등록할 수 없는 것과 같은 이치라는 이유였다. 그 결과 지금 세계보건기구에 납품되는 소아마비 백신 한 개 값은 단돈 100원 정도다.

솔크 박사의 숭고한 정신에 감동한 많은 사람이 그에게 기부금을 보냈다. 솔크 박사는 그 돈으로 연구소를 세우기로 하고 부지를 물색하던 중, 소아마비 환자이기도 했던 한 시장으로부터 무료로 땅을 제공하겠다는 제안을 받는다. 그렇게 해서 연구소는 미국 서부 태평양 연안의 항구도시 샌디에이고에서 건설에 착수했다.

솔크 박사는 세계적으로 명성을 날리던 건축가 루이스 칸에게 설계를 의뢰했는데, 모든 것은 칸이 원하는 대로 해도 좋으나 단 한 가지, 연구실의 천장 높이 만큼은 3m 이상으로 설계해 달라고 요구했다. 솔크 박사는 연구의 벽에 막혀 이탈리아 여행을 하던 도중 아시시의 프란치스코 성당을 둘러보다가 사균백신의 아이디어가 떠올랐던 것을 상기하면서, 왜 실험실에서는 그렇게도 진전되지 않던 생각이 하필이면 성당에서 떠올랐는지를 주목했다. 그리고는 '성당의 천장 높이 때문이 아닐까?'라는 가설을 세우고 검증 작업에 착수했다.

그는 일단 학생들을 대상으로 실험을 해 보았다. 천장 높이를 제외한 모든 조건이 동일한 상태에서 문제를 풀게 한 뒤, 그 결과를 관찰했다. 2.4m, 2.7m, 3m 등으로 천장 높이에 차이를 두고 실험을 진행했는데, 천장을 30cm씩 높일 때마다 창의력은 두 배씩

미국 샌디에이고에 있는 솔크연구소의 전경과 내부 모습.

늘어난다는 결과가 나왔다. 솔크 박사는 이 결과대로 연구소의 천장 높이를 3m 이상으로 건설해 달라고 요청했고, 연구소는 그의 요청이 반영된 형태로 1965년에 문을 열었다. 그 때문인지는 증명할 길이 없으나 그동안 이 연구소에서는 노벨상 수상자를 여덟 명이나 배출했다.

미국 미네소타대학교의 조앤 마이어스-레비 교수도 천장 높이가 각각 3m와 2.4m로 다른 두 방에 학생을 100명씩 들여보내고 동일한 문제와 퍼즐을 풀게 했다. 그 결과 높은 천장 아래에서 문제를 푼 학생들은 자유롭고 창의적으로 생각하는 경향을 보인 반면, 낮은 천장 아래에서 문제를 푼 학생들은 정해진 범위의 일을 꼼꼼하게 처리하는 데 강점을 보였다고 한다.

미국의 〈LA 타임즈〉는 2010년 12월 6일 자 보도에서 미국 기업의 직원 1인당 사무 공간이 1970년대 46~65m^2(14~20평)에서 최근 18m^2(5.4평)로 줄었다고 전했다. 소통을 강조하는 분위기, 개인 IT 기기의 발달 그리고 기업들의 경비 절감 노력을 변화의 원인으로 짚었다. 하지만 미국 기업의 사무실 천장은 계속 높아지고 있다. 지난 20세기 내내 평균 2.4m였던 천장 높이는 1990년대 후반 2.7m로 높아졌고, 최근 신축 중인 빌딩들은 평균 3m 수준이다. 면적은 줄이되 층고는 높이는 미국 기업들의 공간 배치 추세는 창의력을 높이기 위한 것이라고 한다.

과천과학관 전시 본관 중앙홀의 천장을 왜 높게 했는지 명확한 이유가 나와 있는 기록은 아직 발견하지 못했다. 그러나 높은

국립과천과학관 전시 본관의 전경. 안으로 들어서면 중앙홀의 천장 높이가 33m에 달한다.

천장이 창의성을 높여 준다고 믿고 싶다. 생각하는 대로 이루어진다는 말도 있지 않나? 솔크연구소가 눈부신 태양이 비추는 태평양 연안에 있듯이 남쪽을 바라보고 있는 과천과학관 중앙홀도 밝은 채광이 가능하도록 벽면 전체가 유리로 설계되어 있는데, 이 사실에도 은근히 희망찬 기대를 걸어 본다.

과천과학관에 은행나무를 심은 이야기

과천과학관의 전시 본관 건물 앞쪽에는 은행나무가 줄지어 서 있다. 왜 하필이면 가을에 길바닥에서 고린내를 풍기는 은행나무를 심었을까? 은행나무는 지구 역사를 간직한 나무로, 대략 2억 5,000만 년 전에 지구상에 나타났다고 한다. 공룡이 약 2억 년 전에 생겼다가 6,550만 년 전에 멸종했지만 은행나무는 공룡보다 더 오래전에 생겨나서 지금까지도 남아 있다. 그동안 혹독한 몇 번의 빙하시대에도 끄떡없이 살아남은 '살아 있는 화석'으로 과학박물관에 적합한 나무다.

은행나무는 학문의 나무이기도 하다. 공자가 은행나무 아래서 제자들을 가르쳤다고 알려졌으므로 글을 읽고 학문을 닦는 곳을 '행단(杏壇)'이라고 한다. 우리나라 성균관대학교의 상징 마크에는 은행나무 잎이 하나 그려져 있고, 일본 도쿄대학교 마크에는 은행잎이 두 개 그려져 있다. 학문의 나무라는 증거로 충분하다. 과학관도 과학 공부를 하는 곳이니 은행나무가 잘 어울린다.

은행나무는 오래 사는 나무로도 유명하다. 낙엽송이나 벚나무가 기껏 수십 년이면 늙은 나무가 되어 버리는 것과는 달리 은행나무는 1,000년을 넘기고도 여전히 위엄이 당당할 뿐 아니라 생식 활동을 계속하여 열매 맺는 노익장을 과시한다. 전국에는 천연기념물 20여 그루를 포함해 은행나무 거목 800여 그루가 보호되고 있는데, 500살쯤 된 나무는 나이 든 축에 끼지도 못한다.

은행나무는 암나무와 수나무가 따로 있는데, 10년 정도 자라서 지름이 15cm 이상 되어 열매를 맺어야만 암수 구별이 가능하다고 한다. 암나무에 열리는 열매 겉껍질에 함유된 비오볼이란 물질이 고약한 냄새를 풍기는 주범이다. 우리에게는 견디기 힘든 고약한 냄새지만, 은행나무는 이 냄새 덕분에 열매가 포식자들의 먹이가 되는 것을 막고 씨앗을 보호할 수 있다. 은행나무는 공해와 병충해에 강하고 생육도 빠르며, 느티나무나 왕벚나무에 비해 가격도 싸서 가로수로 장점이 많다.

가로수로 심은 은행나무에서 떨어진 은행을 먹어도 될까? 식품의약품안전청에서 내린 결론은 안전하다고 한다. 서울시내 용산구, 동대문구 등 8개 구에서 채취한 은행의 납·카드뮴 등 중금속 함량 검사 결과는 기준치 이하로 나왔다. 기준치는 0.2mg/kg 인데 검사치는 0.003mg/kg 정도였다. 그렇다면 가로수에 열린 은행은 따 가도 될까? 함부로 따면 절도죄로 처벌받을 수 있다. '산림자원의 조성 및 관리에 관한 법률'에 따르면 은행 열매를 무단 채취하고 가로수를 손상하면 5년 이하의 징역 또는 1,500만 원 이하의 벌금을 물게 되어 있다. 그러나 이미 떨어진 열매를 줍는 것은 괜찮다.

과천과학관에 오면 은행나무 말고도 물푸레나무와 자귀나무를 만날 수 있다. 1980년대 이전, 농기계가 농촌에 제대로 보급되기 전에는 콩이나 보리농사를 지을 때 도리깨가 꼭 필요했다. 콩이나 보리를 추수해서 마당에 널어 말린 후 타작하기 위해 휘둘러 패대기칠 때 쓰는 것이 도리깨다. 아무리 땅에 내리쳐도 쉽게 부서지지 않으려면 단단한 나무로 도리깨를 만들어야 하는데 보통 물푸레나무가 사용된다. 나무질이 단단하다 보니 도끼 자루나 망치 자루, 테니스 라켓 등을 만드는 데도 쓰인다.

물푸레나무는 한자로 수정목(水精木) 또는 수청목(水靑木)이라고 한다. 물푸레나무는 물을 푸르게 한다고 해서 붙여진 이름이다. 어린 나뭇가지를 꺾어 맑은 물에 담그면 정말로 파란물이 우러난다. 과천과학관의 곤충체험관을 지나 생태체험학습장에 들어서서 연못 쪽으로 몇 발짝 가다 보면 이 정다운 나무를 만날 수

물푸레나무.

자귀나무.

있다.

초여름에 생태체험학습장을 둘러보다 보면 자그마한 꽃들이 피어 있는 자귀나무를 볼 수 있다. 꽃에는 분홍색 실 같은 수술이 복슬복슬하게 달려 있고, 손톱 반쪽 크기나 됨직한 자그마하고 길쭉길쭉한 잎들은 서로 마주 본 채 촘촘히 달려 있는 모습이 참 앙증맞다. 재미있는 것은 이렇게 마주 보고 있는 잎들이 땅거미가 지고 어둑어둑해지면 서로 붙어서 밤을 보내고, 아침이면 다시 마주 본다는 점이다. 옛날 사람이 보기에는 영락없이 '잠자는 귀신 나무'다. 그래서 붙여진 이름이 자귀나무라고 한다.

과학을 어렵고, 딱딱하고, 재미없는 것으로 인식하는 사람들이 많다. 어떤 학문이라고 쉽고 재미있기만 할까마는, 사람들은 대개 자기가 하는 일이 가장 힘들고 어렵다고 여긴다. 사람의 간

사한 마음 때문일 것이다. 경제학자들도 늘 경기를 예측하기가 어렵다고 하고, 미술이나 음악을 하는 사람들도 그림과 악보 속에 사람의 감정을 표현하는 것이 쉽지 않다고 한다. 그런데 합리성을 바탕으로 하는 과학은 어쩌면 다른 학문보다 더 쉬울 수 있다는 생각도 든다. 과학 지식에 흥미진진한 이야기를 덧붙이면 사람들에게 더 가깝고 친근하게 다가갈 수 있다.

과학뿐만 아니라 다른 분야에서도 스토리는 재미를 넘어 소프트 파워 콘텐츠의 바탕이 된다. 『해리포터』의 작가 영국의 조앤 롤링은 1년 동안 3억 달러(약 3,670억원)를 벌어들인다. 돈이 없어 커피 한 잔을 시켜 놓고 한 손으로 유모차를 밀며 다른 손으로 원고지를 메우던 사람이 연작 소설 하나로 영국 여왕보다 더 부유한 사람이 된 것이다. 지난 10년간 『해리포터』의 매출액은 삼성전자의 반도체 수출 총액보다 많았다고 한다. 『해리포터』는 책, 영화, DVD로 끊임없이 확대 재생산되고 있다. 소설 속 해리가 등장했던 장소는 관광 명소가 되어 수많은 관광객을 불러들인다.

토크쇼의 여왕 오프라 윈프리는 경제 잡지 〈포브스〉가 발표한 2008년 '영향력 있는 유명 인사' 순위에서 전년에 이어 또 1위를 차지했다. 그의 이름을 딴 '오프라 윈프리 쇼'는 1986년에 시작해 2011년까지 무려 25년간 방영되었으며 미국 내 시청자만 2,200만 명에 달하고 세계 140여 개 국에서 시청하는 인기 프로그램이었다. 현재 그는 여성 관련 잡지, 케이블 TV, 인터넷을 거느린 하포(Harpo)그룹의 회장이다. 하포는 오프라(Oprah)의 철자를 거꾸로 배열한 단어라고 한다. 지당한 이야기도 이 여성이 말하면 에너지가 된다.

그의 삶이 처음부터 화려했던 것은 아니다. 흑인 미혼모의 딸로 태어난 윈프리는 가난에 시달렸으며 어린 시절 성폭행을 당하고 마약에 빠지는 등 고통스러운 성장기를 보냈다. 그 자신이 인종차별, 가난, 성폭력 등의 상처로부터 자유롭지 않았기에 초대 손님들이 털어 놓는 이야기에 자기 경험을 드러내며 누구보다 깊이 공감하곤 했다. 진솔한 이야기와 타인에 대한 공감 능력은 오프라 윈프리 쇼의 성공 비결 중 하나였다. 오프라 윈프리 쇼에는 사람들을 웃기고 울리는 힘이 있었다.

조앤 롤링은 2008년 6월 미국 하버드대학교 명예박사 학위를 받는 자리에서 "세상을 바꾸는 것은 마법이 아니라 우리의 상상력"이라고 말했다. 세상은 상상력을 자극하고 영감을 주는 이야기에 목말라 있다. 과학이 사람들에게 다가가기 위해 잊지 말아야 할 부분이다.

태양을 찾아서

〈태양을 찾아서〉는 과천과학관의 상징 조형물이다. 과천과학관 전시 본관 정문에 들어서면 33m의 높은 천장 중앙에 매달린 여러 개의 쇠공이 뭔가를 중심으로 빙글빙글 도는 듯한 모습을 볼 수 있다. 이 조형물은 매크로(Macro)하게 보나 마이크로(Micro)하게 보나 과학적 원리는 같다는 것을 보여 준다.

가운데에서 빨간 빛을 내는 축구공 크기의 동그란 것은 태양을 나타내고, 그 주위를 수성, 금성, 지구, 화성, 목성, 토성, 천왕성, 해왕성이 원궤도를 그리며 돌고 있다. 그 사이로 흑인종, 황인종, 청인종의 다양한 사람이 또 다른 태양(별)을 찾아서 떠나는 모습을 표현해 태양계를 예술적으로 담아냈다. 과학과 예술이 융합해야 창의력이 나온다는 말이 한창이던 2000년대 초에 과학관이 설계되었고, 천문·우주의 과학적 내용을 예술적으로 표현해 냈으니 이곳의 상징 조형물이 되기에 충분하다.

과천과학관의 설계 개념은 'Touch the Universe'다. 우리가 살고 있는 지구를 포함한 우주가 137억 년 전 빅뱅에 의해 생겨났고, 초기 혼돈 상태에서 수소, 헬륨 등과 같은 원소들이 응집되어 별을 만들었으며, 또 그것들이 뭉쳐서 성운이 생겨났고, 결국은 현재와 같은 과천과학관 전시 본관 건물 형태로 창조되었다는 것이다.

어떤 사람들은 과천과학관 전시 본관 중앙홀 모양이 자동차 제네시스의 로고를 닮았다고 말한다. '제네시스'의 뜻은 '천지창조'다. 태초에 무엇이 다음에 무엇이 되고 또 무엇이 되고, 누가 누구를 낳고, 또 누구를 낳

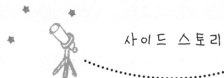

는다는 이야기는 질문이 질문을 낳고 이론이 이론을 낳고 혁신이 혁신을 낳는 과학기술의 본성과도 통하는 면이 있어 우스갯소리로만 들리지 않는다.

그런데 조형물을 보고 이런저런 문제 제기를 하는 사람들도 있다. "왜 백인종은 없는 거냐?", "다 남성으로만 보이는데, 왜 여성은 안 만들어 놨느냐? 성차별 한 거 아니냐?" "수·금·지·화·목·토·천·해 여덟 개가 있어야 하는데 왜 일곱 개밖에 없고, 가가 행성의 크기도 다른데 여기서는 구별이 안 되지 않나?" 등등 다양한 질문이 나온다. 이런 분위기가 형성되면 성공한 해설이다. 시비를 건다고 여기며 기분 나빠 할 일이 절대 아니다. 아무 생각 없이 듣기만 하는 것보다는 훨씬 바람직하다. 비판적으로 이해하려는 태도는 천재의 특성이고, 호기심은 창의력의 출발점이며, 관찰력을 기르는 것은 과학을 가르치는 이유이기 때문이다.

또 다른 시각에서 조형물에 접근해 볼 수 있다. 가운데 태양이 원자핵이고, 그 주위를 돌고 있는 위성들을 전자라고 생각해 보면 영락없는 '원자구조' 형상이다. 물질을 구성하는 가장 작은 입자인 원자 말이다. 이 조형물은 정확성을 따지기 위한 것이라기보다 형상을 예술적으로 표현한 것이니 그럴듯한 해석으로 상상력을 확장시켜 주기에 적절하다. 설명을 듣는 사람들이 관심을 갖고 재미있어 하는 눈치가 보이면 원자의 실제 크기에 대한 이야기까지 할 수 있다. 원자의 크기는 10^{-10}m 정도다. 옹스트롬(Å)이란 단위가 바로 원자 하나의 크기다. 그중 원자핵의 크기는 10^{-15}m 정도다. 이것을 더 쉽게 설명하는 사람도 있다. 원자핵을 테니스공

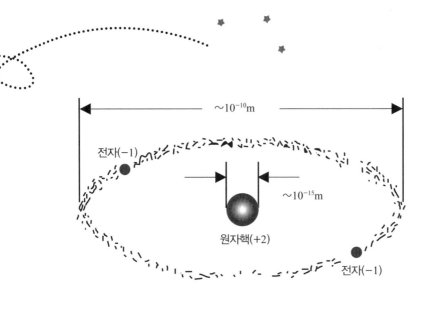

$\sim 10^{-10}m$

전자(−1)

$\sim 10^{-15}m$

원자핵(+2)

전자(−1)

헬륨의 원자모형과 크기 비교.

크기 정도로 생각한다면 궤도전자는 그 테니스공으로부터 약 5km 떨어진 궤도를 따라 돌고 있는 모기 정도로 볼 수 있다. 양성자의 질량은 전자질량의 1,840배 정도인 것까지 감안해서 비유한 것이다.

우리가 살고 있는 태양계는 너무 커서 볼 수 없고, 물질을 이루고 있는 기본 입자인 원자는 너무 작아서 볼 수 없다. 그러나 과학자들이 밝혀낸 형태를 그려 본다면 서로 비슷한 모양을 하고 있고, 이것을 예술적으로 형상화했다는 설명이 〈태양을 찾아서〉라는 전시물의 가치를 높여 준다. 그래서 거시적으로 보나 미시적으로 보나 우주 만물의 근본 구조는 동일하다는 결론을 맺는다. 게다가 저마다 다른 다양한 인간이 그 속에서 살고 있다는 것을 표현한다는 것이 참으로 다행스럽다. 이것을 만든 작가가 대

단해 보인다. 과학기술이 추구하는 모든 것은 결국 사람으로 귀결되기 때문이다.

　그래서 국립과천과학관의 상징 조형물 〈태양을 찾아서〉는 천문학과 물리, 화학이 만나고, 과학과 예술이 만나서 상상력을 싹 틔우고, 한 사람이 느끼고 생각한 것을 세상에 용기 있게 표현해 낸 창조적 예술품이 되었다. 결국은 어떻게 설명하느냐에 따라 전시물의 가치가 달라진다.

소설가와 발명가의 우정

: 예술가와 과학자는
사회의 안테나 같은 존재

미국의 미래학자 존 나이스비트는 "오늘날 예술가와 과학자는 사회의 안테나 같은 존재이며, 광산의 위험을 감지하는 카나리아와도 같다."라고 말했다. 문학뿐 아니라 과학도 사랑하고 탐구했던 미국의 소설가 마크 트웨인의 삶을 통해 과학과 예술의 접점을 만나 보자.

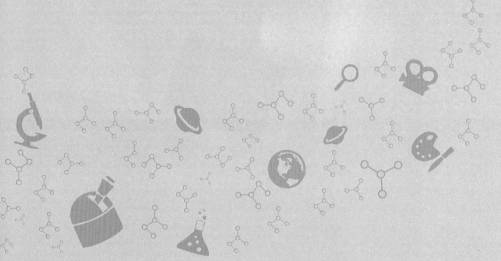

핼리혜성과 함께 태어난 소설가

미국 현대문학의 효시라고 평가받는 마크 트웨인(1835~1910)은 1835년 미국의 미주리주 플로리다에서 태어났다. 그는 열한 살 때 아버지를 여의었고, 이듬해 인쇄소 견습공이 됐다. 열여덟 살 때부터는 뉴욕, 필라델피아, 세인트루이스, 신시내티 등을 전전하며 인쇄공으로 일했다. 변변한 학교교육을 받지 못했지만 공립 도서관에서 닥치는 대로 책을 읽으며 지식을 쌓았다. 그리고 스물두 살 때부터는 미시시피 강을 오르내리는 증기선의 수로 안내인으로 일했다.

15세의 마크 트웨인.

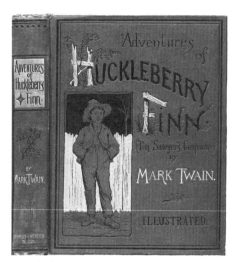

1884년 발행된 마크 트웨인의 작품 『허클베리 핀의 모험』 초판 표지.

미시시피 강을 무대로 생활하고 뛰놀던 어린 시절 그리고 수로 안내인으로 일했던 경험은 이후 마크 트웨인의 작품 세계에 큰 영향을 미쳤다. 1876년에 『톰 소여의 모험』, 1884년에 『허클베리 핀의 모험』 등이 출간되었다. 마크 트웨인이 죽은 지 100년이 되던 해인 2010년, 미국에서는 마크 트웨인 방식대로 식사하기, 톰 소여 따라 하기 등 추모 열기가 대단했다. 마크 트웨인 전문가인 토머스 쿼크 교수는 "사람들이 여전히 트웨인을 좋아하는 것은 그가 미국 문학의 뿌리를 만들었기 때문"이라고 평가했다. 또 마크 트웨인의 성격이 변덕스러웠고 그가 타자기를 쓴 최초의 작가군에 들 정도로 신기술에 관심이 높았다고 소개하기도 했다. 헤밍웨이도 "현대 미국 문학은 모두 단 한 권의 책 『허클베리 핀의 모험』에서 비롯되었다."고 말한 바 있다.

마크 트웨인은 핼리혜성이 지구에 근접한 날로부터 2주 뒤에 태어났다. 두 딸과 아내를 먼저 저세상으로 보낸 마크 트웨인은 말

년에 우울증에 시달렸다. 그는 1909년 "나는 핼리혜성과 함께 태어났다. 이제 내년에 핼리혜성이 다시 온다. 나는 혜성과 함께 떠나고 싶다."라는 말을 했다. 그리고 1910년 4월 21일, 핼리혜성이 지구에 근접한 다음날 마크 트웨인은 심장마비로 세상을 떠났다.

'말이 씨가 된다.'는 속담이 있다. 그래서 마크 트웨인이 핼리

핼리혜성

영국의 천문학자인 핼리(1656~ 1742)가 1682년 뉴턴의 역학을 적용한 궤도 계산으로 밝혀낸 약 76년 주기의 타원궤도 혜성. 지구에서는 약 2주 정도 관측할 수 있다. 혜성이란 태양계 내에 존재하는 성운 모양이나 긴 꼬

리를 가진 모양의 천체를 말하는데, 오늘날까지도 우리는 혜성의 기원에 대해 모르는 상태고, 부분적으로나마 타당한 이론 역시 없는 실정이다. 핼리는 인류 최고의 과학자로 꼽히는 뉴턴보다 열네 살 아래다. 그는 왕립학회 서기 일을 보면서 뉴턴과 많은 교류를 했고, 뉴턴의 연구 논문에 대해 사사건건 시비를 거는 로버트 훅과의 사이에서 중재를 할 정도로 성격이 원만했다. 세상의 역사를 바꾼 뉴턴의 『프린키피아』를 출판할 때 자료의 제공과 교정을 봐 주는 것은 물론 출판 비용까지도 핼리가 부담했다고 한다.

1940년에 발행된 마크 트웨인 우표.

혜성의 주기와 함께 일생을 마감한 것일까? 아니면 사람의 육신을 정신이 지배한다는 말이 맞는 것일까? 아무튼 혜성과 인연이 깊었던 것처럼 마크 트웨인은 평소 문학 말고도 과학기술과 발명에도 각별한 관심을 쏟았다. 타자기로 소설을 쓴 최초의 작가 중 하나라고 하니 요즘 말로 하면 '얼리어답터'였던 것 같다. 이어령 선생님도 본인이 컴퓨터로 글을 쓴 우리나라 최초의 문학인이라고 이야기한다. 창의성을 강조하고 다양한 분야에서 종횡무진 활약하는 사람들의 공통점인 모양이다.

마크 트웨인의 이름도 과학기술과 관련이 있다. 그의 본명은 새무얼 랭혼 클레멘스다. '마크 트웨인'은 배가 지나가기에 안전한 수심을 뜻한다. 정확히 말하면 '두 길 물 속'이라는 의미인데, '한 길'은 약 6피트(약 1.8m)에 해당하고 '트웨인'은 '둘'(two)의 고어체이다. 미시시피 강 안내인들은 조타수에게 배가 지나갈 수 있는 길임을 알리기 위해 '마크 트웨인'을 외쳤다고 한다.

마크 트웨인은 언론 매체 기고와 문학작품 창작 등으로 많은 돈을 벌었고 수입의 상당 부분을 발명에 쏟아부었다. 유아를 위한 침대 부속, 새로운 방식의 증기엔진, 콜로타입 인쇄기, 개량 허리띠, 식자 기계 등을 발명했다. 그러나 오늘날 그가 이렇게 많은 발명을 했다는 사실이 잘 알려져 있지 않은 것을 보면 쓸모나 수익성 면에서는 그다지 성공적이지 못했던 것 같다. 그럼에도 작품 속에는 발명과 관련한 에피소드가 많이 등장해 과학기술에 대한 그의 애정과 관심을 엿보게 한다.

과학자와 예술가

♦

마크 트웨인은 니콜라 테슬라(1856~1943)와 매우 친하게 지냈다. 테슬라는 '전기의 마술사'라 불리며 '발명왕' 에디슨과 전기, 자기 분야에서 쌍벽을 이룰 만큼 유명한 발명가이자 과학기술자였다. 마크 트웨인은 테슬라보다 21살이나 많았지만 둘은 서로 마음을 나누는 친구였고 마크 트웨인은 늘 테슬라의 실험실에서 많은 시간을 보냈다. 테슬라는 자주 사람들을 불러 자신의 발명품을 보여 주며 재미있는 쇼를 열었는데, 마크 트웨인은 기꺼이 그 실험 대상이 되어 자신의 몸에 전류를 흐르게 하는 등 테슬라와 각별한 우정을 나누었다.

두 사람이 이렇게 가깝게 지낼 수 있었던 이유는 단순히 테슬라가 문학적 소양이 깊고 마크 트웨인이 발명에 관심이 많았기

테슬라의 실험실에서 함께한 마크 트웨인과 니콜라 테슬라의 모습.

때문일까? 그렇지 않다. 두 사람은 모두 시대를 앞서 간 천재이자 괴짜였고, 무엇보다 창조적이고 창의적인 사람들이었다.

물리학자 아르망 트루소는 "최악의 과학자는 예술가가 아닌 과학자이며, 최악의 예술가는 과학자가 아닌 예술가이다."라는 말을 했다. 다시 말해 최고의 과학자는 곧 예술가와 같은 과학자이며, 최고의 예술가는 과학자와 같은 예술가라는 것이다. 과학자와 예술가는 세상에 대한 호기심을 품고 있으며, 사람과 사물을 관찰하고 탐구한다. 그리고 자신이 품은 의문에 대한 해답을 찾으려고 끊임없이 노력하는 사람들이다. 이때 필요한 것이 논리적 사고와 창의성이다. 현대에 들어 더 많은 예술가와 과학자들이 자주 함께 만나고 생각을 공유하면서 서로 닮아 가는 것은 우연이 아니다.

개밥바라기 별이 떴다고?

2008년 8월 『개밥바라기 별』이라는 책이 나왔다. 국립과학관 건설 추진단장으로 과천과학관 마무리 공사를 하고 있었기 때문에 금성을 개밥바라기 별이라고 부른다는 것쯤은 알고 있었다. '황석영 같은 유명한 작가도 이제는 과학을 소재로 소설을 쓰는 구나.' 하고 생각하면서 흐뭇해했다.

금성은 태양계의 행성 8개 중에서 지구 바로 안쪽에서 태양을 224.7일 만에 한 바퀴씩 돌고 있는 별이다. 그러다 보니 지구에서 보기에는 태양, 달 다음으로 밝게 보이고, 저녁에 태양이 서쪽 하늘로 지고 난 다음에 보이거나, 새벽에 동트기 직전에 보인다. 쉽게 말해 지구보다 더 태양 가까이서 돌고 있으니 태양 주변에서 보이는데, 낮에는 태양 때문에 안 보이고 새벽과 초저녁 무렵에만 보이는 것이다.

새벽에 보이는 별이라 해서 '샛별'이라고도 한다. '개밥바라기 별'이라고 부르게 된 사연은 이렇다. 옛날 전깃불이 없던 시골에서는 보통 날이 어두워지기 전에 저녁 식사를 끝냈다. 그리고 나서 마당의 복슬개에게도 개가 먹을 만한 것을 추려서 밀어 주는데, 그때가 서쪽 하늘에 금성이 뜰 때쯤이 된다는 것이다. 우리 조상들은 개들도 그것을 알아차리고 금성이

뜨면 주인이 저녁밥을 주겠거니 하고 바라지 않았겠나 해서 개가 밥을 바라는 시기에 뜨는 별, 개밥바라기 별이라고 불렀다. 이런 살가운 이야기를 간직한 별을 소설 제목으로 뽑았으니 어찌 반갑지 않겠는가? 그 책을 빨리 읽어 보고 싶었다. 과학관에 찾아오는 관람객들에게 해 줄 수 있는 이야깃거리라도 건져 볼 요량으로 말이다. 그러나 한 장 두 장 책장을 넘겨도 금성과 관련 있는 내용은 좀처럼 찾을 수가 없었다. 『개밥바라기 별』이란 소설은 황석영 작가가 고등학교를 중퇴하고 월남전에 참전하기 전까지 2~3년 동안 방황하면서 겪었던 일을 그려 낸 책이다. 출판되고 몇 개월 동안 국내 베스트셀러 1위를 차지할 정도로 인기 있었다.

언제쯤이나 별 이야기가 나올까 하고 책을 계속 읽어 내려가는데 아

뿔싸, 282쪽짜리 소설책의 270쪽 중간쯤에 '개밥바라기 별'이라는 단어가 딱 두 번 나오고는 끝이다. 소설 속 주인공은 한창 혈기 왕성할 때 경찰서 유치장이나 오징어잡이 배, 전국의 공사판 등을 떠돈다. 하루는 신탄진의 연초 제조창 건설 공사판에서 하루의 고된 노동을 끝내고, 고참 동료와 함께 가까운 금강 변에 몸을 씻으러 간다. 그때 동료가 서쪽 하늘 초승달 바로 옆 밝은 별을 가리키며 하는 말 한마디.

어라 저놈 나왔네. 대위가 중얼거리자 나는 두리번거렸다. 그가 손가락으로 저물어 버린 서쪽 하늘을 가리켰다. 저기…… 개밥바라기 보이지? 비어 있는 서쪽 하늘에 지고 있는 초승달 옆에 밝은 별 하나가 떠 있었다. 그가 덧붙였다. 잘 나갈 때는 샛별. 저렇게 우리처럼 쏠리고 몰릴 때면 개밥바라기. 나는 어쩐지 쓸쓸하고 예쁜 이름이라고 생각했다.

그때서야 내가 너무 기대를 했다는 것을 알았다. 왜 소설 제목을 '개밥바라기 별'이라고 붙였는지 작가에게 물어보지 않았으니 알 길도 없었다. 그러나 짧은 순간이나마 행복했다. 천문학에 나오는 별을 제목으로 뽑은 소설이 나왔으니 과학도 많이 대중화되었노라고 말이다.

진화론의 동시 발견자, 다원과 월리스

: 과학의 가치는 세월이 증명한다

2등은 기억하지 않는다.

과천과학관이 도와줍니다. ^o^

진화론의 창시자는 다윈으로 알려져 있지만 월리스라는 과학자 역시 비슷한 시기에 진화론을 연구했다. 다만 다윈이 좀 더 서둘러 발표함으로써 진화론은 다윈의 것이 되었다. 거의 동시에 발견 혹은 발명했으나 간발의 차이로 영예를 차지하는 사람이 엇갈리고 마는 과학의 숨은 이야기를 들어 보자. ◆

영국 신사답게 인정하다

한 소년이 뒷동산에 올랐다. 소년은 나뭇가지 끝에 매달린 고치에서 나방이 나오기 위해 몸부림치는 것을 보았다. 마음씨 착한 소년은 파닥거리며 고생하고 있는 나방의 모습이 안쓰러워 고치를 뜯어 주었다. 그런데 이게 웬일인가? 훨훨 날아갈 줄 알았던 나방은 오히려 땅에 떨어져 죽었다.

충격을 받은 소년은 왜 이런 일이 벌어졌는지 알고 싶었다. 이 소년이 훗날 생물학자가 된 영국의 과학자 알프레드 러셀 월리스 (1823~1913)이다. 월리스는 남아메리카의 아마존과 말레이제도 등을 찾아다니며 열정적으로 동물들의 생태를 관찰했다. 그리고 어린 시절 품었던 의문의 답을 찾아냈다.

나방이 고치에서 나와 넓은 세상 밖으로 날아가기 위해서는 날갯짓을 할 수 있는 힘이 필요하다. 여린 몸으로 힘겹게 고치를 뚫고 나오면서 그 힘을 기른다. 나방을 도와준다고 고치를 뜯어 주는 것은 결국 나방이 날개 힘을 기르는 결정적인 기회를 빼앗아 버리는 일이다. 월리스는 하나의 생명이 이 세상에 태어나 살아남기 위해서는 스스로 겪어야 하는 과정이 있다는 것을 그 자신이 어른이 되어 깨달을 수 있었다.

월리스는 세상을 돌아다니며 자기가 관찰하고 생각한 결과를 논문으로 정리해 1858년에 그 당시 생태 연구의 대가인 찰스 다윈(1809~1882)에게 보내 검토해 달라고 했다. 남태평양의 갈라파고스 제도를 여행하고 돌아와서 논문을 정리하고 있던 다윈은 자기 생각과 똑같은 월리스의 논문을 보고 깜짝 놀랐다. 그래서 1859년 서둘러 발표한 것이 『종의 기원』이다.

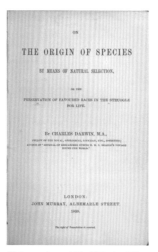

찰스 로버트 다윈, 『종의 기원』, 1859

월리스는 자신의 연구 결과를 다윈이 가로챘다고 주장할 수도 있었지만 영국 신사답게 다윈의 연구가 더 깊이 있음을 인정했다. 오히려 진화론에 관한 책을 출판하면서 『다위니즘』이라는 제목을 붙였다. 다윈을 진화론의 창시자로 인정한 것이다. 월리스와 다윈의 일화를 두고 사람들은 2등은 아무도 알아주지 않고 기억하지도 않는다는 이야기를 하곤 한다. 만약 진화론 연구에 노벨상을 준다면 어떨까? 두 사람이 공동 수상자로 선정될지도 모른다. 하지만 아쉽게도 다윈은 노벨상이 생기기 전인 1882년 세상을 떠났다.

진화론에 영감을 준 핀치 새의 부리

다윈은 1835년 영국 해군의 항해 조사선 비글호를 타고 남아메리카 에콰도르 서쪽으로 970km 정도 떨어진 갈라파고스 군도를 탐험했다. 거기서 그는 핀치 새들의 부리 모양이 먹이에 따라 다르다는 것을 관찰했다. 딱딱하고 큰 씨앗을 쪼아 먹는 지역에 사는 핀치의 부리는 크고 뭉뚝한 반면, 땅 깊숙이 박혀 있는 작은 씨앗을 쪼아 먹거나 식물 열매 속을 파먹는 핀치의 부리는 뾰족한 것을 보고 핀치 새라는 하나의 종이 다른 환경에 적응하기 위해서 진화했다는 결론을 얻게 되었다.

2008년 11월에 국립과천과학관이 개관하면서 특별전시실에서는 '다윈전'이 열렸다. 세상을 바꾼 위대한 생물학자 다윈 탄생 200주년이자 『종의 기원』 출간 150주년을 기념하기 위해 기획한 전시회였다.

이 전시는 우리나라 최고의 과학 잡지사가 우리나라 최고의 과학관이 태어나는 것을 기념하기 위해 특별히 마련한 전시회이기도 했다. 그 주제를 다름 아닌 다윈으로 잡을 만큼 다윈은 위대하다. 당시 큐레이터는 세계 3대 과학자로 뉴턴, 갈릴레이, 다윈을 지목하면서 다윈의 업적을 높이 평가했다.

다윈의 진화론이 세상 사람들의 관심을 모으며 유명세가 하늘을 찌르고 있을 때, 영국 총리 윌리엄 글래드스턴 (1809~1898)이 다윈의 학문적 업적에 경의를 표하기 위해 다윈의 거처를 방문했다고 한다. 한국에서도 대통령이 종종 과학자들의 연구실에 방문해 연구원들을 격려하고 관심을 보이는 모습이 TV 뉴스에 나오니 대충 그 모습이 그려질 것이다.

글래드스턴은 영국 수상을 네 번이나 역임

찰스 로버트 다윈
(1809~1882)

한 자유주의, 박애주의 정치가였다. 대영제국을 건설한 사람은 빅토리아 여왕이고, 그것을 실질적으로 뒷받침한 것이 바로 글래드스턴이다. 그는 서민형 정치인으로 일에 대한 집중력이 뛰어났으며 일을 많이 하기로도 유명했다. 보통 사람들이 하루에 16시간 일하는 것을 4시간으로 압축해서 해치우고, 그런 강도로 하루 16시간씩 일했다고 한다.

윌리엄 이워트 글래드스턴(1809~1898)

이와 유사한 사람이 피뢰침을 발견한 과학자이자 저술가였던 정치인 벤자민 프랭클린이다. 부자이면서도 무척 검소한 삶을 살았던 프랭클린은 "오늘 할 일을 내일로 미루지 마라."는 말로도 유명하다. 그런데 정작 본인은 한발 더 나아가 내일 할 일을 오늘로 당겨서 한 인물이다. 발명왕 에디슨도 만만치 않다. "하루에 잠을 네 시간 이상 자는 것은 사치다."라고 할 정도로 부지런히 살다 간 사람이다. 물론 그 주변 사람들은 매우 고달 팠을 것 같다는 생각이 든다. 글래드스턴이 89세, 프랭클린이 84세, 에디슨은 84세까지 살았다. 마크 트웨인도 76세, 테슬라도 87세까지 살았으니 머리를 쓰며 열심히 일하는 사람들이 오래 사는 모양이다.

당시 글래드스턴은 영국 국민들의 존경과 사랑을 한 몸에 받는 거물 정치가였다. 그런 당대 최고 정치 지도자의 방문에 다윈은 이렇게 소감을 말했다. "그토록 위대한 인물의 방문을 받았다는 것은 얼마나 명예로운 일인가!"

그러나 철학자 버트런드 러셀(1872~1970)은 달리 말했다. 다윈이 글래드스턴의 방문을 영광스럽게 여긴 것은 그의 겸손한 성품을 보여 주는 것이기는 하지만, 다윈은 그럴 필요가 없었다는 것이다. 당시의 시각으로 보면 다윈이 영국 수상의 방문을 명예롭게 여기는 것이 맞을지 모르나, 긴 역사의 흐름 속에서 바라본다면 영광스럽게 생각해야 할 사람은 다윈이 아니라 오히려 글래드스턴이라고 했다. 후대에 미친 영향력과 역사적 중요성을 두고 평가한다면 다윈은 글래드스턴을 압도하기 때문이다.

버트런드 러셀
(1872~1970)

거리에 나가 아무나 붙들고 "글래드스턴이 누군지 아세요?" 하고 물어보면 아는 이가 별로 없을 것이다. 하지만 다윈의 이름은 훨씬 더 익숙하다. 과학자 다윈과 정치가 글래드스턴의 경우에서 보듯이, 언론을 뜨겁게 달구는 당대의 정치적 사건들은 역사적 중요성에 비해 과분한 평가를 받는 경우가 많다.

유럽 역사에서 17세기를 뒤흔든 가장 큰 사건은 30년 전쟁(1618~1648)이다. 루터의 종교개혁 이후 유럽의 모든 국가가 가톨릭(구교)과 프로테스탄트(신교) 진영으로 나뉘어 격렬히 싸웠던 세계 최대의 종교전쟁이었다. 현재 유럽 국가의 영토 경계선이 이 전쟁의 결과로 결정되었다고 할 정도로 의미 있는 사건이었다.

그런데 같은 시기에 이탈리아 한쪽 구석에서는 과학자 갈릴레이가 지동설을 주장했다는 이유로 종교재판에 회부되어 가택 연금을 당했다. 이 두 사건에 대한 역사의 평가는 어떨까? 그 시대 사람들에게는 당연히 한 노학자가 했던 주장보다 30년 전쟁이 훨씬 더 중요했을 것이다. 하지만 세월이 지난 지금, 갈릴레이가 주장했던 지동설은 우주와 세계에 대한 인간의 인식을 바꿨고 역사에 남을 사건이 되었다. 유럽을 뒤흔들었던 종교전쟁보다 결코 영향력이 적다고 할 수 없는 것이다.

연일 매스컴의 이슈로 부각되는 현실 정치가 역사의 흐름을 온통 좌지우지하는 것처럼 보일 수 있다. 그러나 길게 보면 세상을 바꾸는 원동력은 정치인이나 이들을 둘러싼 사건에만 있는 것은 아니다. 100년, 500년 뒤에는 기라성 같은 정계 거물들의 이름은 존재감이 없어지고, 좁은 실험실에서 연구에 몰두하던 어느 과학자의 이름만이 기억될지 모른다. 눈에 보이는 것이 전부가 아니다. 더 중요한 것, 더 가치 있는 것이 무엇인지 분별하는 지혜를 키우는 것이 미래를 내다보는 우리가 길러야 할 덕목이다.

누가 영예를 차지할 것인가?

우리는 흔히 과학 이론의 발견이나 발명을 천재적인 누군가의 업적으로 생각한다. 전화기는 벨, 진화론은 다윈처럼 말이다. 그러나 실제로는 여러 과학자들이 비슷한 시기에 같은 이론을 동시에 규명하는 경우가 많았다. 영국과 유럽 대륙 간의 자존심 싸움으로 번진 뉴턴과 라이프니츠(1646~1716)도 미적분학을 동시에 발견했고, 엘리샤 그레이는 전화기를 발명한 벨보다 겨우 6시간 뒤에 같은 내용으로 특허청을 방문하고 좌절했다. 심지어 이들보다 무려 16년이나 앞서 전화기를 발명했지만 돈이 없어특허를 내지 못했던 비운의 안토니오 무치란 발명가도 있다. 산소 역시 라부아지에, 프리스틀리(1733~1804), 셸레(1742~1786) 중 누가 과연 최초의발견자인지 의견이 분분하다.

왜 이런 일이 일어나는 것일까? 어쩌면 위대한 천재가 과학을 발전시키는 것이 아니라 인류의 지식이 축적되어 우연히 누군가가 그 시대 그

안토니오 무치
(1808~1889)

엘리샤 그레이
(1835~1901)

알렉산더 그레이엄 벨
(1847~1922)

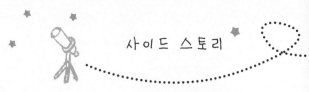

순간에 이루어질 수밖에 없는 발견의 영예를 차지하게 되는 것은 아닐까?

미적분학 다툼을 고증한 발디는 "미적분학이 발견될 수 있는 기본적인 환경은 이미 모두 갖추어져 있었다. 단지 누군가가 이것을 모아서 정리해 다음 단계로 나아가는 것만이 필요했을 뿐이다."라고 말했다. 그리고 자존심을 건 소모적인 싸움을 하는 대신 뉴턴과 라이프니츠가 서로 협력하고 연구했더라면 수학의 발전이 더욱 앞당겨졌을 것이라고 이야기하기도 했다.

오늘날이야말로 더욱 복잡해진 지식과 정보 통신의 발달로 어느 한 사람의 천재적인 업적보다 '집단 지성'과 '협업'이 중요하다. 그래서 현대의 과학 연구는 대부분 공동 연구로 이루어진다. 개인의 영예보다 팀워크가 중요한 세상이다.

노벨상도 거절한 괴짜 천재

: 끝나지 않은 연구, 발명은 계속된다

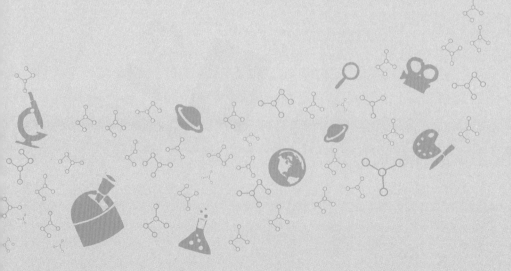

　1915년 〈뉴욕 타임즈〉에는 에디슨과 테슬라가 노벨 물리학상의 공동 수상자로 결정되었다는 기사가 실린다. 그런데 두 사람 모두 노벨상을 거절했다. 결국 그해의 노벨상은 등대를 개선한 닐스 구스타프 달렌에게 돌아갔다. 노벨상을 거절한 두 괴짜 과학자의 별난 이야기를 만나 보자.

에디슨, 지칠 줄 모르는 99%의 노력가

✦

에디슨(1847~1931)은 발명왕이다. 도대체 어떤 발명을 몇 개나 했기에 '왕'이라는 칭호를 얻었을까? 에디슨은 무려 1,093건의 발명 특허를 기록했다고 한다. 1868년, 그러니까 스물한 살의 나이에 처음으로 전기 투표 기록기를 발명한 이후 1931년 여든 넷의 나이로 사망할 때까지 63년 동안 1년에 평균 17.3건의 발명품을 쏟아 낸 셈이다.

정말 대단하다. 더구나 초등학교에 입학한 지 3개월 만에 문제아로 낙인찍혀 퇴학당한 이후 학교교육을 받지 못한 사람이 그런 업적을 이룩했으니 그가 하루하루를 얼마나 치열하게 살며 노력했을지 짐작할 수 있다. 게다가 에디슨은 청각 장애까지 있었다. 하지만 항상 초인적인 집중력을 발휘해 연구에 몰두했고 성공 신

(좌)에디슨이 1879년 12월 최초로 개발에 성공한 상용화 가능한 전구의 모델.
(우)에디슨은 1880년 백열전구로 특허를 받았다.

화를 이끌어 냈다. 에디슨은 백열전구의 필라멘트 재료를 찾기 위해 무려 300여 가지가 넘는 재료로 실험을 했고, 결국 40시간 동안 빛을 낼 수 있는 탄소선 전구를 발명했다. 천재는 1%의 영감과 99%의 노력으로 이루어진다는 그의 말이 허투루 들리지 않는다.

에디슨이 가장 감명 깊게 읽은 책은 영국의 과학자 패러데이가 쓴『전기학의 실험적 연구』라고 한다. 그 책에는 복잡한 수학 방정식이 없기 때문에 좋아했다는 것이 이유였다. 패러데이 역시 어린 시절에 집안이 가난하여 정규교육을 받지 못했다. 에디슨도 패러데이도 복잡하고 골치 아픈 수학 방정식이 딱 질색이었을 것이다. 가방끈이 짧아도, 수학 방정식을 못 풀어도, 박사 학위가 없어도 과학기술을 발전시킬 수 있다. 열정과 부지런함으로 보충하면 된다. 1931년 10월 18일 에디슨이 사망하자 미국 국민들은 1분 동안 전등을 끄고 그를 추모했다.

테슬라, 시대를 앞서 간 빛의 마법사

과천과학관이 소장한 인기 전시물 중에 '테슬라코일'이 있다. 높이 3.1m의 코일에서 나오는 400만 V의 강력한 방전 스파크를 직접 눈으로 볼 수 있는 전시물이다. 전깃줄 없이도 전기를 보낼 수 있는 방법을 실현하기 위해 테슬라가 고안한 일종의 고전압

과천과학관에 가면 테슬라코일에 400만 V의 전기가 흐르는 모습을 볼 수 있다.

전기 생성 변압기다.

220V의 가정용 전기 전압을 400만 V로 올려서 접지된 철제 기둥 사이로 흘려보내면 엄청난 전위차에 의해 굉음과 함께 번개 현상이 발생하면서 절연체인 공기에 순간적으로 전기가 통한다. 이 원리는 날씨에 구애받지 않고 우주에서 무제한으로 태양광 발전을 해 만든 전기를 전선 없이도 지구로 가져 올 수 있는 가능성을 보여 준다.

테슬라는 에디슨만큼 유명하지는 않았지만 에디슨 못지않게 매우 뛰어난 발명가였다. 그가 발명한 고주파 열작용 기술은 고주파 전기 치료기와 전자레인지의 시초가 되었고, 무선 조종 보트 기술은 TV 리모콘 기술의 연장선에 있다.

그는 동유럽의 크로아티아에서 태어나 그라츠 공업학교와 프라하대학교에서 공부했다. 학교를 졸업한 후 오스트리아 정부의 전신국에서 근무하다가 부다페스트와 파리에서 전기 기사로 일했다. 스물여덟 살(1884)에 미국으로 건너간 테슬라는 에디슨의 회사에서 수년간 발전기와 전동기를 연구했다. 후에 뉴욕에서 테슬라연구소를 설립하고 최초의 교류 유도 전동기(1888), 테슬라 변압기(1891) 등을 만들었다. 그가 개발한 2상 교류 방식은 나이아가라폭포 수력발전소 건설에 이용되었다.

에디슨과 테슬라, 끝나지 않은 전쟁

테슬라는 미국으로 건너와 에디슨에게 발탁되는 행운을 얻는다. 그러나 테슬라는 얼마 지나지 않아 에디슨의 반대편에 서서 계속 티격태격하는 생을 살았다. 에디슨은 직류 전기를 주장한 반면 테슬라는 교류 전기를 만들어야 전기를 멀리 보낼 수 있고 더 실용적이라면서 맞섰기 때문이다.

세계 최초로 생산된 전기를 일반 가정에 공급하는 일을 앞두고 직류와 교류 중 어떤 방식이 더 나을지 미국 정부는 딜레마에

직류와 교류

직류(Direct Current; DC)는 전지에서 나오는 전기와 같이 항상 일정한 방향으로만 흐르는 전류를 말한다. 교류(Alternating Current; AC)는 흐름의 방향이 시간에 따라서 주기적으로 변한다. 대부분의 발전소에서 나오는 전기는 교류인데 60헤르츠(Hz)라고 하면 1초 동안에 60번 방향을 바꾼다는 의미다.

전기의 이용 면에서 보면 전지의 충전이나 전기분해의 전원, 전자회로의 전원 등은 직류가 아니면 안 되지만, 전열이나 전등은 직류나 교류라도 상관없고, 변압기를 사용하는 송전선이나 배전선 및 회전자기장을 발생시키는 전동기는 교류만 써야 한다. 교류 전기는 대부분의 발전소에서 전자기유도 원리에 기반해 만들어진다. 그래서 대용량의 직류 전기가 필요할 때는 교류 전기를 정류해서 직류 전기로 만들기도 한다.

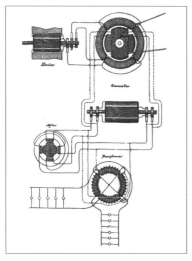

1888년 니콜라 테슬라가 설계한
교류 발전기의 설계도.

빠졌다. 1879년 백열전구를 발명하고, 1881년 축음기를 발명하면서 명성을 누리고 있던 에디슨은 자신의 방식대로 직류 전기를 채택해야 한다고 주장했다. 반면에 테슬라는 교류 전기를 써야 한다는 입장을 굽히지 않았다.

전기가 사용되기 시작한 초기에는 직류가 주로 쓰였지만 직류는 장거리 송전에는 아주 취약했다. 전기를 멀리까지 보내려면 전압을 높여야 하는데, 그러려면 변압기를 써야 한다. 호스로 물을 멀리 보내려고 할 때 물탱크의 수압을 높여야 하는 이치다. 때문에 전압을 높이거나 낮추기가 쉬운 교류가 장거리 송전에는 더 유리했다.

단순한 기술 전쟁으로 시작했지만 에디슨은 이미 직류로 대부분의 전기 시장을 선점한 데다가 상대가 한때 부하 직원이었던 테슬라였기 때문에 결코 지지 않으려고 했다. 여기에 테슬라가 새롭게 시장에 뛰어들려고 하는 웨스팅하우스사와 손을 잡고 대적하는 바람에 이 싸움은 치열한 상호 비방전으로 확대되기에 이

미국 미시간주 헨리포드박물관에는 멘로 파크에 있던 에디슨의 실험실이 재현되어 있다.

르렀다.

에디슨은 심지어 "교류 방식을 쓰면 높은 전압으로 인해 사람이 죽을 수 있다."고 교류의 위험성을 과장하면서 상대를 헐뜯는 데 온갖 논리를 다 동원했다. 이에 테슬라는 교류 전류의 안전성을 증명하기 위해 자신의 몸에 100만 V의 전류를 흐르게 한 뒤 형광등을 켜는 퍼포먼스를 선보여 '빛의 마법사'라는 별명을 얻기도 했다.

에디슨의 온갖 노력에도 불구하고 승리는 교류 쪽으로 기울었다. 직류 전기가 장거리 송신에 취약하다는 이유로 시카고 세계

1990년 콜로라도 스프링스 연구소의 테슬라.

박람회를 밝힐 전기로 교류가 채택되었다. 그리고 나이아가라 폭포에 세워진 세계 최초의 수력발전소에 교류 시스템이 적용됨으로써 웨스팅하우스와 테슬라의 승리로 끝났다. 에디슨은 전류 전쟁에서 졌고, 자신이 설립한 회사 GE의 경영권까지 빼앗기게 되었다. 테슬라는 자신이 가진 교류 시스템에 대한 특허권을 아무런 대가 없이 웨스팅하우스사에 기부하며 더 많은 사람에게 싼값에 전기를 공급할 수 있도록 했다.

웬만한 사람 같으면 자기의 의견이 옳다고 하더라도 자신을 발탁한 윗사람과 대립각을 세우며 진검 승부를 펼치지는 못했을 것이다. 권위의 압박에도 새로운 의견을 제시하는 것을 포기하지 않고, 자신의 연구가 틀리지 않았음을 증명한 테슬라의 용기가 대단하다 하지 않을 수 없다.

나중에 노벨상 위원회에서는 인류에게 전기 문명을 선사한 에디슨과 테슬라에게 노벨상을 공동으로 수여하기로 했으나 두 사람 모두 수상을 거절했다고 한다. 에디슨은 자신이 노벨보다도 돈이 더 많은데 왜 노벨이 주는 상을 받아야 하느냐며 거절했다는 이야기가 있다. 그런가 하면 테슬라는 자신을 괴롭힌 에디슨과의 공동 수상이라는 이유로 거부했다거나, 에디슨이 계략을 꾸며 테슬라가 상을 받지 못하도록 했다는 주장도 있지만 확실하지는 않다. 결국 노벨상은 그들에게 주어지지 않았다.

그러나 직류와 교류의 전쟁은 완전히 끝난 게 아니다. 전자·정보·통신의 시대가 펼쳐지면서 양상은 바뀌었다. 전 세계적으로 사용되는 휴대용 PC나 스마트폰 등은 직류로 작동되고 있다. 어떤 사람은 '에디슨이 옳았다.'라고 성급한 결론을 내놓기도 한다. 하지만 앞으로 어떻게 될지는 모른다. 과학의 발달과 역사의 변화에 따라 내용과 맥락을 이해하면서 지켜볼 일이다. 이 책을 읽는 여러분 중에도 이 끝나지 않은 실험에 참여하는 사람이 있기를 기대해 본다.

당신에게 노벨상을 수여합니다

노벨상은 1901년 이래 2014년까지 모두 889개, 864명의 개인과 25개 단체에 수여되었다. 노벨상위원회는 2014년 10월 초에 수상자들을 발표했다. 해마다 물리학 · 화학 · 생리의학 · 경제학 · 문학 · 평화의 6개 부문 수상자를 뽑는데 최다 수상 국가는 미국이다.

학문 분야에서, 특히 과학 분야에서 노벨상보다 더 큰 권위를 갖는 상은 없을 것이다. 노벨상에는 수학 분야가 포함되지 않는다. 노벨이 수학은 순수하게 이론적인 학문이라는 이유로 수학자들을 수상 대상에서 제외시켰기 때문이다. 그래서 수학자들이 그들만의 '노벨상'을 제정했는데, 필즈상이 그것이다. 또 노벨상에서 제외된 정치학과 사회학 분야에 대해 상을 수여하는 발잔상, 철학 · 음악 · 시각예술 부문에서 수상자를 뽑는 쇼크상도 있다. 종교 부문의 템플턴상이나 이스라엘에서 과학자들에게 주는 울프상도 꽤 권위가 있다.

이그노벨상도 있는데 과학에 대한 대중의 관심을 불러일으키기 위해 '반복될 수 없고 반복되어서는 안 되는' 기발한 연구 성과에 수여된다. 수상자에게는 아무런 메달이나 상금도 주어지지 않는다. 수상자의 심사와 선정은 실제 노벨상 수상자들이 맡는데, 한국인 권혁호가 1999년 '향기 나는 양복'을 개발한 공로로 상을 받기도 했다.

노벨상 메달.

노벨상의 최고 명문가는 퀴리 집
안이다. 마리 퀴리(1867~1934)가 화학
상과 물리학상을 각각 한 번씩 수상했
으며 물리학상을 탄 남편 피에르 퀴리
(1859~1906)를 비롯해 딸과 사위도 노
벨 화학상을 받았다. 최연소 수상자는
25세의 영국 물리학자 윌리엄 로런스
브래그(1890~1971, 1915년 수상)였고, 최

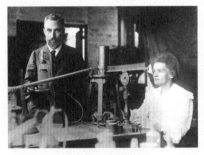

파리 연구실에서 찍은 마리 퀴리와
피에르 퀴리의 모습. 1907년 이전.

고령 수상자는 90세의 미국 경제학자 레오니트 후르비치(1917~, 2007년 수
상)였다. 일본의 경우 2000년 시라카와 히데키(1936~)에게 노벨 화학상이
수여되었을 때 일본 정부가 그의 이름을 전혀 몰랐다고 한다. 그 뒤 일본
내에서 과학에 대한 국가의 무관심을 질타하는 여론이 크게 일었다.

에디슨과 테슬라처럼 노벨상을 거부한 사람들도 있다. 1973년 당시
베트남 총리였던 레둑토(1911~1990)는 헨리 키신저(1923~) 미국 국무장
관과 베트남전 종전 협상을 진행한 공로를 인정받아 평화상 수상자로 선
정되었지만, 베트남에는 아직 평화가 오지 않았다는 이유로 키신저와의
공동 수상을 거부했다. 장 폴 사르트르(1905~1980)도 1964년 노벨 문학상
수상자로 뽑혔지만 거절했다. 자의가 아니라 타의로 상을 포기한 사람들
도 있다. 독일의 과학자 세 명이 히틀러(1889~1945)의 횡포로 수상을 포기
했고, 『닥터 지바고』를 쓴 보리스 파스테르나크(1890~1960)도 당시 구소
련 당국의 저지로 상을 포기할 수밖에 없었다.

10 탐구 정신의 핵심은 관찰과 기록이다

: 과학하는 방법, 평범한 진리에 숨은 비밀

탐구 정신의 핵심 – 관찰과 기록

과천과학관에서 해보세요. ^0^

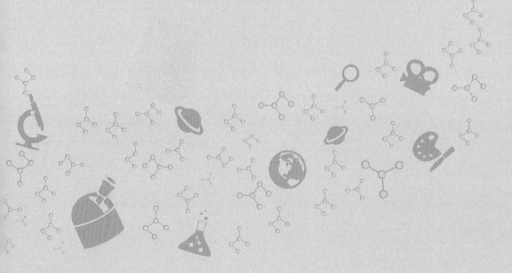

　과학자는 보이지도 않고 만질 수도 없는 자연의 비밀을 어떻게 풀어낼까? 관찰과 탐구와 실험과 기록을 통해서 그 실마리를 찾는다. 갈릴레이가 "그래도 지구는 돈다."라고 말한 자신감은 어디서 왔을까? 바로 끝없는 탐구에서 왔다. 과학은 탐구다. 400년 전이나 지금이나 그 본질은 변하지 않았다. ◆

갈릴레이, 하늘 관측은 겨울이 좋다네

✦

이탈리아 반도 중서부의 피사에서 태어난 갈릴레오 갈릴레이(1564~1642)는 천문학자이자 물리학자였고 수학자이기도 했다. 갈릴레오와 갈릴레이를 각각 다른 사람으로 알고 '갈씨 형제'로 부르는 코미디 영화를 보고 웃었던 적이 있다. 성과 이름이 비슷한 것은 피사나 피렌체 등의 도시가 속해 있는 이탈리아 토스카나 지방의 풍습이었다. 특히 장남 이름을 성과 비슷하게 쓰는데, 갈릴레이는 7남매 중 장남이었다.

1609년, 베네치아에 머물고 있던 갈릴레이는 네덜란드에서 망원경이 발명되었다는 소식을 들었다. 네덜란드의 안경 제조업자 리페르스헤이(1570~1619)가 우연히 적당한 간격으로 놓인 두 개의 렌즈를 통해 멀리 있는 물체를 확대해서 보게 된 뒤 쌍안경을 만들었다. 이 사실을 전해들은 갈릴레이는 볼록렌즈와 오목렌즈를 조합해서 3배에서 9배까지 확대해 볼 수 있는 망원경을 만들었다. 그 후 더 정교한 망원경을 만드는 데 심혈을 기울여 배율이 60배나 되는 망원경을 만들었다.

그해 12월, 갈릴레이는 망원경을 이용해 달을 관측하기 시작했다. "달 표면은 가장 아름답고 즐거운 광경 중의 하나다. 그것은 매끈하게 잘 다듬어진 모양이 아니라 표면이 거칠고 울퉁불퉁하며, 지구의 표면과 마찬가지로 어디에나 광대한 돌출부, 깊은 계곡과 만곡부가 가득하다."

갈릴레이는 달을 관측하고 관찰한 결과를 이렇게 기록했다.

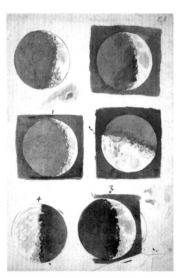

갈릴레이가 1609년 남긴 달 스케치.

달의 밝은 부분과 어두운 부분의 경계가 매끄럽지 못하고 울퉁불퉁한 것을 보고 달에도 지구와 같이 산과 계곡이 있다고 생각했다. 갈릴레이의 관측 결과는 1969년 7월에 아폴로 11호가 달에 가서 확인한 결과와 같았다.

달을 관측한 다음 해인 1610년 1월, 갈릴레이는 목성을 관측

갈릴레이가 찾아낸 목성의 위성들.

했고, 지구의 달처럼 목성에도 네 개의 위성이 있다는 것을 발견해 이렇게 기록했다. "이전에 한 번도 보지 못했고, 이미 알려진 옛 별들보다 10여 배나 많은 별들을 나는 보았다. 그러나 다른 것과 비길 수 없으리만치 커다란 놀라움을 주고, 특별히 내가 모든 천문학자와 철학자들의 주의를 환기시키지 않을 수 없게 한 현상은, 이전에 어떠한 천문학자도 알거나 관찰하지 못한 네 개의 행성들을 발견했다는 사실이다."

요즘의 과학자들도 그렇듯 그 당시 갈릴레이도 연구비에 목말랐던 모양이다. 갈릴레이는 당시 피렌체를 지배했던 부유한 메디치가의 코시모 2세(1590~1621)가 목성을 신성하게 생각했고,

그에게 네 명의 수제자가 있다는 것을 떠올리고 그 위성들에 '메디치가의 별'이란 이름을 붙여 메디치가에 헌정했다.

갈릴레이가 살았던 시대에 세계 금융의 중심지는 피렌체였다. 모직업과 은행업으로 막대한 부를 축적한 메디치 가문은 예술과

갈릴레이의 망원경

갈릴레이의 초상화에는 피사의 사탑이나 망원경이 함께 등장하는 경우가 많다. 흔히 갈릴레이가 인류 최초로 망원경으로 천체를 관측했다고 알려져 있지만 사실 영국의 토머스 해리엇이 먼저였다고 한다. 하지만 세심하게 관찰하고 그 관찰 결과를 기록으로 남긴 사람은 갈릴레이였다. 그 결과 갈릴레이가 위대한 과학자의 반열에 서 있는 것이다.

망원경은 먼 곳에 있는 물체의 상을 맺히게 하는 대물렌즈와 맺힌 상을 크게 보여 주는 접안렌즈로 이루어져 있다. 대물렌즈가 상을 만들려면 물체로부터 오는 빛을 모아야 하는데, 이때 사용되는 것이 볼록렌즈다. 또한 대물렌즈로 맺혀진 상을 크게 보기 위해서는 오목렌즈를 접안렌즈로 사용한다. 갈릴레이 식 망원경은 지상의 물체를 보는 데 편리해 소형 오페라 망원경이나 지상 망원경으로 이용된다.

미국 워싱턴 D.C. 스미소니언의 항공우주 박물관에 가면 망원경으로 천체를 관측하는 원리를 설명해 주는 전시물이 있다. 설명문 맨 끄트머리에 "망원경을 최초로 발명한 사람이 누구인지 알고 싶으면 아래 번호로 전화하세요."라는 문구와 함께 전화번호가 적혀 있어 웃었던 기억이 있다.

학문에 재능 있는 사람을 재정적으로 후원하여 피렌체에서 르네상스가 꽃피는 데 기여했다. 메디치가를 이끌었던 코시모 데 메디치(1389~1464)는 학문과 예술에 대한 관심만큼이나 가난한 자들을 위한 후원과 기부에도 적극적이었기에 피렌체 시민들로부터 '나라의 아버지'라고 불릴 만큼 존경받았다.

메디치가의 문을 두드렸던 바람이 받아들여져 갈릴레이는 메디치가의 전속 수학자 겸 철학자로 고용된다. 연구를 위한 재정 지원이 보장된 것은 물론 신분 상승까지 하게 된 것이다. 갈릴레이에게 잘된 일이기는 했지만, 한편으로는 이후 험난한 인생길로 접어드는 계기이기도 했다.

갈릴레이는 그때까지 피사대학교와 베네치아 공국에 있는 파도바대학교에서 수학 교수로 일하고 있었다. 당시에는 자연철학자만 자연의 본질에 대해 논할 자격이 있다고 간주되었기 때문에 수학자는 자연 현상을 관찰하고 기록하는 정도에 만족해야만 했다. 갈릴레이는 수학 교수에서 메디치가의 자연철학자가 되면서 코페르니쿠스(1473~1543)의 지동설과 같은 우주의 구조, 원자론 같은 물질의 본성에 대해 본격적으로 논쟁하기 시작했다. 그 과정에서 당시 카톨릭교회의 심기를 건드리는 주장을 했고, 1633년 종교재판을 받고 가택 연금에까지 이르게 되었다.

갈릴레이는 목성을 관측하다가 이상한 것을 발견했다. 목성 근처에서 세 물체가 보이는데, 어떤 날에는 그중 둘이 목성의 한 쪽에 같이 있었고 나머지 하나는 그 반대편에 있었다. 그런데 어떤 날에는 세 물체가 모두 목성의 서쪽에 가 있었고 동쪽에는 하나도 없는 것을 보고 깜짝 놀랐다. 그리고 이틀 뒤에는 물체가 다시 동쪽에 나타났고, 서쪽에는 하나도 보이지 않았다. 나중에 갈릴레이는 이 별의 수가 넷이라고 정정했다. 그는 금성이나 화성이 태양 주위를 도는 것처럼 목성 주위를 배회하는 별이 있다는

갈릴레이의 목성 관찰 노트. 관찰한 날짜마다 위성의 위치가 다르다는 것을 보여 준다.

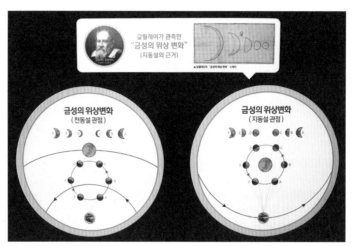

갈릴레이가 관측한 금성의 위상 변화를 보여 주는 과천과학관의 전시물.
천동설과 지동설을 그림으로 비교해 준다.

결론에 이르렀고, 천체는 지구를 중심으로 완전하고 불변한다는
아리스토텔레스의 우주론에 의심을 품게 되었다.

갈릴레이는 망원경으로 금성을 관찰하면서 또 다른 현상을 보
고 고민에 빠진다. 천동설에 따르면 금성과 태양이 지구를 중심으
로 돌고 있어야 하는데 실제로 관찰하니 그런 모습이 보이지 않
았기 때문이다. 천동설이 맞다면 금성이 엄청나게 복잡하게 지구
를 돌아야 하는데, 우주는 그렇게 복잡하게 만들어졌을 리가 없다
고 생각했다. 그런데 코페르니쿠스가 주장한 지동설에 대입해 보
면 금성의 움직임을 아주 간단하고 명쾌하게 설명할 수 있었다.
물론 이는 갈릴레이의 관찰 결과와도 일치했다.

갈릴레이는 가설에 자신의 관찰 결과를 대입시켜 본 후 그때까지 세상 사람들이 믿고 있던 천동설이 틀렸고 지동설이 맞다는 확신을 갖게 되었다. 기존의 이론을 비판적으로 바라보는 태도, 호기심, 집중력, 끈기, 용기 그리고 무엇보다 관찰과 기록이 그를 위대한 과학자로 만들었다.

그런데 갈릴레이는 왜 종교재판까지 받게 되었을까? 14~16세기에 이탈리아 피렌체를 중심으로 르네상스가 꽃을 피우면서 중세의 신(神) 중심 세상에서 벗어나고자 하는 인간성 회복의 기운이 움텄고, 1517년 10월 31일에는 독일의 마틴 루터(1483~1546)가 비텐베르그대학교의 성교회 문에 '면죄부에 관한 95개조'를 게시하는 종교개혁 사태로까지 번졌다. 르네상스의 인문주의는 예술적, 귀족적이었던데 반해 로마 가톨릭교회의 분열과 비합리에 대한 민중의 마음을 포착한 세력이 종교개혁을 이끌었다.

종교개혁 지도자들은 가톨릭교회의 교리와 성직자들의 세속적인 태도를 비판하면서 거세게 도전했고, 가톨릭교회 측에서는 이에 대응하기 위해 1542년에 로마 종교재판소를 설치해 이단적 견해를 주장하거나 가톨릭교회를 위협하는 사람은 누구든지 재판정에 세울 수 있게 했다. 갈릴레이는 지구가 태양 주위를 돈다는 코페르니쿠스의 이론을 지지했는데, 이는 교회의 가르침에 위배되는 견해였다.

교회의 가르침은 성경에 적힌 대로 하느님과 그의 창조물이 완전하다는 데 바탕을 두고 있었다. 갈릴레이는 성경에 결코 거짓 말이 쓰여 있을 리가 없다고 강조하면서도, 자연도 성경과 마찬가 지로 하느님의 산물이므로 거짓말을 하지 않는다고 주장했다. 또 한 성경 구절은 대부분 쉽게 이해할 수 있도록 쓰였으며, 자연의 어렵고 복잡한 측면을 종종 은유와 단순화를 통해 설명한다고 이 야기했다. 따라서 성경 구절과 자연 사이에 충돌이 생길 경우에는 성경 구절을 다시 자세히 검토해 해석이 제대로 되었는지 살펴봐 야 한다고 합리적인 해결 방법을 제시했다.

1616년에 교황 바오로 5세(1552~1621)가 태양 중심설을 가르 치는 것에 대해 경고하자, 갈릴레이는 코페르니쿠스 체계를 공개 적으로 옹호하는 것이 교회의 권위에 도전하는 것으로 비칠 수 있다는 사실을 인식했다. 그는 몇 년 동안 자신의 견해를 공개적 으로 밝히지 않고 다른 과학 문제를 연구하는 데 몰두한다.

1623년 그의 오랜 친구인 마페오 바르베리니(1568~1644)가 교황 우르바누스 8세로 선출되자 갈릴레이는 상황이 바뀌고 있다 고 생각했다. 교황은 갈릴레이가 발간한 책『황금분석가』를 높이 평가했고, 갈릴레이는 개인적으로 교황을 알현하는 영광까지도 누렸다. 또 갈릴레이는 피렌체를 지배하고 있던 권력자이자 자신 의 후견인이기도 했던 토스카나 대공 페르디난도 2세(1610~1670)

에게 우주에 관한 책을 써도 되는지를 물어보았다. 대공은 책의 결론이 교황이 말한 결론, 즉 천동설에 이르는 내용이어야 한다는 단서를 붙여 허락했다.

그러나 갈릴레이는 1632년에 『천문대화』를 출간하면서 우주에 대한 자신의 견해를 밝힌다. 두 인물 사이의 대화 형식으로 전개된 책에서 심플리치오라는 인물은 전통적인 지구 중심설을 대변하는데, 단순한 사람 또는 멍청한 사람으로 묘사된다. 또 다른 등장인물인 살비아티는 코페르니쿠스의 견해를 대변하면서 심플리치오의 주장이 어리석고 근거 없다고 주장한다. 이 책의 결론은 모든 행성이 태양 주위를 돌고 있다는 것이었다.

『천문대화』가 출간되자마자 가톨릭교회는 갈릴레이에게 즉시 이단 혐의에 대한 재판을 받으러 로마로 출두하라는 명령을 내렸다. 그의 나이 68세 때의 일이다. 처음에 갈릴레이는 지병을 이유로 로마로 가는 것을 미루었지만, 제 발로 오지 않으면 족쇄에 묶인 채 강제로 소환될 것이라는 위협을 받자 따르지 않을 수 없었다.

1633년 6월 21일, 갈릴레이는 로마의 종교재판소에

출간되자마자 금서가 된 『천문대화』.

조셉 니콜라스 로버트-플러리, 〈종교재판에 선 갈릴레이〉, 1847

섰다. 그는 공식적으로 자신의 견해를 철회하지 않을 수 없었고, 지구의 안정성과 태양의 운동에 관한 프톨레마이오스의 견해를 진실하고 의심의 여지가 없는 것으로 받아들인다고 천명했다. 그가 재판장을 나오면서 "그래도 지구는 돈다."라고 중얼거렸다는 이야기가 많이 알려져 있지만, 그런 위험한 말을 실제로 했을 가능성은 희박하다는 것이 보편적인 견해다. 이 사건으로 종신 징역형을 선고받은 갈릴레이는 피렌체 근처 아르체트리의 자택에 연금된 채 여생을 보냈다.

갈릴레이가 죽은 지 350년이 지난 1992년에서야 교황 요한 바오로 2세(1920~2005)는 종교재판소가 갈릴레이에게 유죄 판결을 내린 것은 잘못이며, 성경을 항상 문자 그대로만 해석해서는 안 된다는 갈릴레이의 주장이 옳았다고 발표했다.

많은 사람이 무거운 물건이 가벼운 물건보다 빨리 떨어진다고 생각한다. 갈릴레이 이전까지 사람들은 아리스토텔레스의 이론에 따라 물체는 우주의 중심으로 다가가려는 성질을 가지고 있으며, 무거운 물체일수록 그런 성질을 더 많이 가지고 있다고 믿었다. 실제로 망치와 깃털을 떨어뜨리면 망치가 먼저 땅에 떨어지니 이 이론에 의문을 가지는 사람은 없었다. 그런데 갈릴레이는 모두가 당연하게 여기는 이 생각을 의심했다.

흔히 갈릴레이가 54.3m 높이의 피사의 사탑 꼭대기로 올라가서 무게가 다른 두 물체를 떨어뜨리는 실험을 했다고 하지만 사실인지 확인할 수는 없다. 물체의 낙하 실험을 처음 행한 사람은 네덜란드의 수학자이며 물리학자였던 시몬 스테빈(1548~1620)이라고 알려져 있다. 그는 1586년에 "질량이 10배나 차이가 나는 납으로 된 두 개의 구를 30피트 높이에서 바닥에 떨어뜨리면 가벼운 구가 떨어지는 데 걸리는 시간이 무거운 구가 떨어지는 데 걸리는 시간보다 10배 길지 않다. 두 개의 구는 거의 동시에 떨어져 바닥에 닿는 소리가 거의 하나로 들린다."라는 기록을 남겼다.

1591년, 갈릴레이도 포탄과 총알을 떨어뜨리면 거의 동시에 땅에 떨어진다는 기록을 남겼지만 이것들을 피사의 사탑에서 떨어뜨렸다는 이야기를 하지는 않았다. 또 『새로운 두 과학에 대한 대화』라는 책에서 무거운 물체가 가벼운 물체보다 빨리 떨어진다는 것은 논리적으로 모순이라는 것을 설명하기도 했다.

갈릴레이는 금, 납, 구리, 돌, 나무 등 다양한 물질로 만든 물체를 빗면을 통해 굴려 내리는 낙하 실험도 했는데, 그 결과 만약 공기의 저항을 완전히 없애 버린다면 모든 물체가 같은 속도로 떨어질 것이라고 결론지었다. 실제로 지구에서는 공기의 방해 때문에 가벼운 것이 더 천천히 떨어진다. 1971년 아폴로 15호의 우주 비행사가 공기가 없는 달에서 망치와 독수리 깃털을 떨어뜨리자, 두 물체는 동시에 달 표면에 닿았다.

갈릴레이는 빗면 위를 구르는 공 실험을 더욱 발전시켰다. 그는 수백 번, 수천 번의 실험을 통해 홈이 파인 빗면 위로 공을 굴렸을 때 걸리는 시간을 측정하는 방법을 알아냈다. 우선 여러 번 실험을 반복해도 공이 빗면 전체를 구르는 데 정확하게 똑같은 시간이 걸린다는 것을 확인한 후 이번에는 전체 경사면 길이의 4분의 1만 굴러가게 했더니 다 굴러가는 데 걸린 시간의 절반이 걸렸다. 그리고는 전체 경사면 길이의 2분의 1, 3분의 2를 굴러가는

데 걸린 시간과 비교해 보았다. 이 실험을 100여 회 이상 반복한 결과 물체가 경사면을 굴러간 거리는 걸린 시간의 제곱에 비례한다는 사실을 알아냈다. 예를 들면 어떤 물체가 1초 동안 6m만큼 굴러갔다면 2초 후에는 2^2=4배인 24m만큼 굴러가고, 3초 후에는 3^2=9배인 54m만큼 굴러간다. 결론적으로 물체가 낙하할 때에는 일정한 비율로 가속이 일어난다는 사실을 발견한 것이다. 갈릴레이는 훗날 뉴턴이 밝힌 운동 법칙들을 실험으로 먼저 증명했다.

과천과학관에도 갈릴레이가 실험을 통해 밝혀낸 원리를 체험해 볼 수 있는 전시물이 있다. 바로 '에어테이블'이다. 플라스틱 퍽이 왼쪽의 경사면을 미끄러져 내려오는 것을 위에 있는 비디오카메라로 촬영해서 단위 시간당 퍽이 이동한 거리가 밑으로 내려오면 내려올수록 길어진다는 것을 정밀하게 보여 준다. 사람 눈으로 볼 수 없는 것을 전자 기계 장치로 보완한 것이다. 그리고 테이블 위에서는 바닥에 뚫려 있는 수백 개의 작은 구멍에서 공기가 분출되어 마찰저항을 최대한 줄인 상태에서 뉴턴의 관성의 법칙과 작용 반작용의 법칙을 퍽으로 체험해 볼 수 있다.

과천과학관에 설치된 에어테이블.

갈릴레이는 시간 측정 방법도 고안해 냈다. 낙하 실험이나 가속도 실험을 하기 위해서는 시간을 정확하게 측정해야 했기 때문이다. 초기에는 자신의 맥박이나 노랫가락을 이용했으나 좀 더 정확하게 측정할 수 있는 방법을 찾지 못해 고심하고 있었다. 그러던 중 성당의 샹들리에가 바람에 흔들리는 모습을 보고는 흔들리는 데 걸리는 시간을 맥박으로 재 봤다. 그는 바람의 세기에 따

갈릴레이의 제자 빈센초 비비아니가 진자 원리를 바탕으로 설계한 시계 그림.

라서 샹들리에가 흔들거리는 폭에는 차이가 있었지만 폭에 관계없이 한 번 왕복하는 데 걸리는 시간은 같다는 사실을 발견했다.

1602년 갈릴레이는 직접 실험해 보기 시작했다. 길이가 똑같은 진자 두 개를 고정해 놓고 흔들리는 폭을 서로 달리했지만 두 진자는 동시에 왔다 갔다 했다. 다음에는 진자의 무게를 달리해 보았다. 두 진자를 동시에 놓았을 때 100번, 500번, 1000번을 왔다 갔다 해도 똑같은 속도로 움직였다. 갈릴레이는 이러한 진자운동을 이용해서 시간을 비교적 정확하게 측정할 수 있었다. 그러나 완벽한 진자시계의 설계는 1659년에 가서야 네덜란드 과학자 크리스티안 하위헌스(1629~1695)에 의해 완성되었다.

관찰과 기록이 답이다

갈릴레이는 모든 연구에서 관찰과 실험 그리고 이를 기록해 수학적으로 표현하는 것을 핵심으로 삼았다. 그래서 그의 업적은 운동하는 물체를 수학적으로 연구하는 분야인 역학에서 두드러졌다. 갈릴레이가 훗날 17세기에 뉴턴이 운동에 관한 연구를 할 수 있도록 미리 길을 닦아 놓았다고 볼 수 있다. 그래서 갈릴레이가 죽은 1642년에 뉴턴이 태어난 것을 놓고 갈릴레이의 영혼이 뉴턴에게 전달되었다는 말이 생겨나기도 했다.

갈릴레이의 일화 말고도 관찰과 기록이 중요하다는 것을 입증하는 사례는 무수히 많다. 다윈의 진화론도 갈라파고스 군도에서 서식하고 있는 동물들을 관찰한 결과를 바탕으로 하고 있다. 노벨상 창시자 알프레드 노벨(1833~1896)은 1867년 항해하는 배 위에서 니트로글리세린 통이 넘어져 규조토에 스며드는 모습을 관찰하고는 안전한 고체형 폭약 다이너마이트를 완성시키고 막대한 돈을 벌어들인다. 페니실린을 개발한 알렉산더 플레밍(1881~1955)은 1928년 인플루엔자 바이러스에 관한 연구를 하던 중 포도상구균 배양기에서 푸른곰팡이가 발생해 그 주위가 무균 상태가 되었다는 것을 발견했다. 이 관찰은 그 유명한 항생제 페니실린이 세상에 나오게 된 단초가 되었다. 제임스 왓슨(1928~)

과 프란시스 크릭(1916~2004)은 DNA 구조를 관찰하기 위해 로 잘린드 프랭클린(1920~1958)이 찍은 X선 회절 분석 사진에 주목 했고, 이를 통해 DNA 구조가 이중나선 모양임을 밝혀내 현대 생 명공학 연구의 흐름을 획기적으로 변화시켰다.

관찰과 기록이 단지 과학에서만 중요한 것은 아니다. 건강을 유지하려면 자신의 몸 상태를 관찰하고, 필요하다면 기록해 의사 와 상담해야 한다. 부모는 자식의 성장 과정과 행동을 관찰해 진 로를 제시하거나 그때그때 기록으로 남겨 인생의 역사를 만들어 준다. 직장 생활이나 사회생활의 성공 역시 관찰과 기록으로부터 시작된다. 우리가 맺는 다양한 관계 속에서 상대방이 무엇을 원하 는지를 얼마나 세밀하고 정확하게 관찰했는지에 따라 그 관계의 지속 여부와 깊이가 달라지기 때문이다.

세심한 관찰과 끊임없는 기록으로 이 책을 읽는 독자들 역시 아무도 알지 못했던 과학의 비밀을 밝히는 최초의 발견자가 될 수도, 이 세상에 없던 무언가를 탄생시키는 창조자가 되거나 새로 운 길을 여는 개척자가 될 수도 있을 것이다. 그러한 발견과 깨달 음의 여정에 과학이 든든한 밑거름이 되기를 바란다.

갈릴레이를 이어 400년간 계속된 어떤 관찰

갈릴레이가 위대한 것은 갈릴레이 이전에 누구도 관찰과 실험의 중요성을 깨닫지 못했기 때문이다. 그 당시만 해도 몸을 움직여 무언가를 하는 것은 신분이 낮은 사람들이나 하는 일이라는 생각이 팽배했다. 그러나 갈릴레이는 자신이 직접 실험을 고안해 다양한 재료와 방법으로 수백 번, 수천 번 실험하고, 관찰하고, 비교하고, 기록했다.

갈릴레이는 1613년, 망원경으로 태양의 흑점을 관찰했다. 갈릴레이가 태양의 흑점을 관찰할 때까지 사람들은 태양이야말로 한 점의 티도 없이 빛나는 완전한 구라고 믿었다. 때문에 갈릴레이는 흑점을 발견하고 매우 놀랐다.

갈릴레이는 망원경을 이용해 지속적으로 흑점을 관찰했고, 흑점이 동쪽에서 서쪽으로 가로질러 움직인다는 것을 알아냈다. 그리고 흑점이 서쪽 가장자리에 도달하면 사라졌다가 다시 2주 후에 나타난다는 사실도 알아냈다. 갈릴레이는 흑점의 운동을 관찰한 결과 흑점은 태양 면에 있는 어떤 구름 같은 것이며 없어진 흑점이 약 2주 후에 다시 나타나는 것으로 보아 태양이 약 4주에 한 바퀴씩 자전할 것이라고 예측했다. 실제로 우리는 흑점의 이동으로 태양의 자전 주기를 구할 수 있다. 태양의 흑점은 적도에서 빨라지고, 극으로 가까워짐에 따라 느리게 돌고 있어 태양의 자전주기는 적도에서는 27일이고 위도 60도에서는 29일이다.

갈릴레이는 흑점 관찰 결과 역시 세심한 그림과 기록으로 남겼다. 그 뒤로 수많은 사람이 갈릴레이를 쫓아 흑점을 관찰하고 흑점의 수를 세어

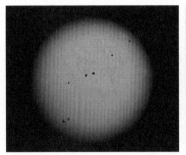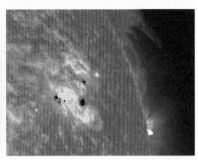

태양의 흑점.

기록으로 남겼다. 갈릴레이를 비롯해 모두가 흑점이 무엇인지, 어떻게 만들어지고 왜 변하는지 알지 못했지만 쉬지 않고 관찰하고 기록했다.

태양흑점은 태양 표면에서 주변보다 약간 온도가 낮아 검게 보이는 부분을 말한다. 태양의 다른 부분에 비해 1,500~2,000℃ 정도 낮아 어둡게 보이는 것일 뿐, 흑점 부분도 실제로는 매우 밝다. 흑점이 생기고 거대한 폭발을 일으키는 것은 태양의 표면 아래에서 일어나는 자기장의 영향 때문인 것으로 추정되고 있다. 전형적인 흑점의 크기는 약 1만 km 정도이며, 수명은 수일에서 수개월 정도이다. 이러한 흑점수의 변화는 규칙적이다. 극소기에는 거의 보이지 않을 때도 있으며, 극대기에는 200개 가까이 보일 때도 있다.

흑점이 많아지면 태양 표면에서 자기장 폭발이 일어나 지구는 엄청난 에너지와 입자를 가진 태양풍을 맞게 된다. 그러면 오로라가 세지고, 전파 교란 현상, 위성통신 장애, GPS 수신 장애, 비행기 항로 방해, 발전소 운

전 방해 등이 일어난다. 갈릴레이 이후 500여 명이 넘는 과학자들이 무려 400년간 꾸준히 관찰하고 기록한 덕분에 인류는 흑점 수가 9~12년 간격으로 늘어나고 줄어든다는 사실을 파악해 이에 대비할 수 있었다. 400년간의 흑점 관찰과 기록은 이후 흑점과 태양 연구에 큰 도움이 되었다. 지금은 갈릴레이 대신 전 세계 위성이 흑점 수와 크기 정보를 교환하고 있으며, 미국 콜로라도에 있는 미국 국립해양대기청 노아(NOAA)에서 1년 365일 하루도 빠짐없이 24시간 내내 태양흑점을 감시하고 있다.

참고 문헌

『아이작 뉴턴』, 제임스 글릭 지음, 김동광 옮김, 승산, 2008

『세상을 바꾼 12권의 책』, 멜빈 브래그 지음, 이원경 옮김, 랜덤하우스코리아, 2007

『아인슈타인 삶과 우주』, 월터 아이작슨 지음, 이덕환 옮김, 까치글방, 2007

『안녕, 아인슈타인』, 위르겐 네페 지음, 염정용 · 염영록 옮김, ㈜사회평론, 2005

『천재들의 도시 피렌체』, 김상근 지음, 21세기북스, 2010

『위대한 기업, 로마에서 배운다』, 김경준 지음, 원앤원북스, 2006

『보이지 않는 지구의 주인 미생물』, 오태광 지음, 양문, 2008

『관찰의 기술』, 양은우 지음, 다산북스, 2013

『유태인 창의성의 비밀』, 홍익희 지음, ㈜행성B:잎새, 2013

『르네상스 창조경영』, 최선미 · 김상근 지음, 21세기북스, 2008

『미생물의 발견과 파스퇴르』, 루이스 E 로빈스 지음, 이승숙 옮김, 바다출판사, 2003

『과학혁명』, 피터 디어 지음, 정원 옮김, 뿌리와 이파리, 2011

『공부도둑』, 장회익 지음, 생각의 나무, 2008

『궁궐의 우리나무』, 박상진 지음, 눌와, 2001

『스티브 잡스』, 월터 아이작슨 지음, 안진환 옮김, 민음사, 2011

『벨연구소 이야기』, 존 거트너 지음, 정향 옮김, 살림Biz, 2012

『동위원소와의 만남』, 한국방사성 동위원소 협회 지음, 애드미트, 2004

『천재의 탄생』, 앤드루 로빈슨 지음, 박종성 옮김, 학고재, 2012

『동아세계대백과사전』, 동아출판사, 1994

『개밥바라기 별』, 황석영 지음, 문학동네, 2008

『국립과학관 신축공사』, 과학기술부, 2006

『세상을 바꾼 위대한 과학자』, 마이클 앨러비 · 데릭 에르트센 지음, 이충호 옮김, 한승, 2011

『철학적 질문, 과학적 대답』, 김희준 지음, 생각의 힘, 2012

『세상을 바꾼 과학이야기』, 권기균 지음, 에르디아, 2012

〈사진 및 그림 제공〉

19쪽, 20쪽, 159쪽, 199쪽, 217쪽, 224쪽 : 국립과천과학관 제공.

94쪽 : 한국전력공사 전기박물관 제공.

별난 관장님의 색다른 과학 시간

초판 1쇄 펴낸날 2014년 12월 15일
초판 3쇄 펴낸날 2016년 11월 2일

지은이 | 김선빈
펴낸이 | 홍지연
펴낸곳 | 도서출판 우리학교
편집 | 김영숙 소이언 전신애 김나윤
디자인 | 남희정
관리 | 김미영
인쇄 | 에스제이 피앤비

등록 | 제313-2009-26호(2009년 1월 5일)
주소 | 04085 서울시 마포구 토정로 46 청우빌딩 6층
전화 | 02-6012-6094~5
팩스 | 02-6012-6092
전자우편 | school@woorischool.co.kr

값 13,000원

ISBN 978-89-94103-83-9 43400